COMICE AGRICOLE ET VITICOLE DU CANTON DE CADILLAC
(GIRONDE)

LA RECONSTITUTION DES VIGNOBLES DANS LE CANTON DE CADILLAC

RAPPORTS

Adressés à MM. les Membres du Jury des Classes 36, 38 et 60
de l'Exposition universelle de 1900

SUR LES TRAVAUX DU COMICE DE 1884 A 1900

Avec une carte et douze gravures, d'après les photographies de M. U. Vergeron.

BORDEAUX
IMPRIMERIE G. GOUNOUILHOU
11, RUE GUIRAUDE, 11

1900

CHATEAU DE CADILLAC

COMICE AGRICOLE ET VITICOLE DU CANTON DE CADILLAC
(GIRONDE)

LA RECONSTITUTION DES VIGNOBLES DANS LE CANTON DE CADILLAC

RAPPORTS

Adressés à MM. les Membres du Jury des Classes 36, 38 et 60 de l'Exposition universelle de 1900

SUR LES TRAVAUX DU COMICE DE 1884 A 1900

Avec une carte et douze gravures, d'après les photographies de M. U. VERGERON.

BORDEAUX
IMPRIMERIE G. GOUNOUILHOU
11, RUE GUIRAUDE, 11

1900

BUREAU DU COMICE

MM.

Président d'honneur.	R. Dezeimeris, ancien président du Conseil général de la Gironde, membre correspondant de l'Institut, viticulteur-propriétaire à Loupiac.
Président	Cazeaux-Cazalet, conseiller général, maire de Cadillac, viticulteur-propriétaire à Loupiac.
Vice-Présidents . . .	le Dr Cazaux, conseiller d'arrondissement; Chemin, viticulteur-propriétaire à Rions; S. Lasserre, maire de Paillet, viticulteur-propriétaire à Paillet; E. Fouquet, viticulteur-propriétaire à Loupiac.
Secrétaire général. .	Gaston Vinsot, viticulteur-propriétaire à Cardan.
Secrétaire général adjoint.	C. Mathellot, viticulteur-propriétaire à Cadillac.
Secrétaires.	F. Massieu, viticulteur-propriétaire à Monprimblanc; A. Fouquet, viticulteur-propriétaire à Loupiac; R. Soulier, industriel à Cadillac.
Trésorier.	H. Soulier, industriel et propriétaire à Cadillac.
Archiviste	Guillemin, viticulteur-propriétaire à Cadillac.

LE COMICE VITICOLE ET AGRICOLE DE CADILLAC

a été fondé en 1884

Il comprend :

1° Des Membres honoraires;
2° Des Membres correspondants;
3° Des Membres titulaires.

Les Membres titulaires et correspondants paient une cotisation annuelle de *cinq francs.*

Le titre de Membre honoraire est donné à ceux qui rendent au Comice des services importants.

Tous les Membres reçoivent gratuitement la publication hebdomadaire du Comice, qui contient les comptes rendus des séances, les rapports, mémoires, etc.

PRODUCTION
DES VINS DANS LE CANTON DE CADILLAC

en 1899

Vins blancs.	36,729	hectolitres.
Vins rouges	77,307	—

Nombre d'hectares en vignes en 1899. . . . . 4,188.

RÉCOMPENSES OBTENUES PAR LE COMICE

dans les Expositions de vins

1889, Paris : Médaille d'or;
1895, Bordeaux : Diplôme d'honneur;
1894, 1895, 1896, 1897, 1898, 1899, Concours général de Paris : Diplôme d'honneur.

LOUPIAC

Coteau de Couloumet

INTRODUCTION

LE CANTON DE CADILLAC VITICOLE

LE PASSÉ,
LE PRÉSENT, ÉCHAPPÉE SUR L'AVENIR

Le travail qui suit ces quelques pages a été écrit par quatre jeunes viticulteurs de mon voisinage; on me demande d'y ajouter une introduction; je me rends volontiers à cet appel, car cela mettra tout à fait d'accord les conditions du sujet et celles de ceux qui l'exposent : Ils sont le présent, le connaissent bien; mais, moi, sans être le passé ou m'y accrocher outre mesure, j'ai le lourd privilège d'avoir connu un morceau d'autrefois, et, comme ces vieux témoins, *seniores et antiquiores,* dont on usait si fréquemment dans les coutumes municipales du pays bordelais, au XIVe siècle, je puis venir déposer sur ce qu'on ne voit plus, que j'ai vu, et dont je me souviens.

Je ne pense pas, vraiment, qu'il y ait eu jamais de période de temps où se soient produites des transformations aussi énormes que celles dont ce dernier demi-siècle a été le témoin. Vers 1848, — c'est à ne pas y croire aujourd'hui, — je ne parlais que gascon aux serviteurs de ma famille; plusieurs entendaient mal le français, et n'étaient jamais allés de Loupiac ou de Cadillac à Bordeaux. Nous-mêmes, pour aller à Paris, nous mettions trois jours et deux nuits. Cet archaïsme du langage et de l'acheminement était, à beaucoup d'égards, l'image exacte de la lenteur apportée à l'étude et à l'exploitation du sol. La tradition reçue des ancêtres était la loi suprême, la loi unique des vignerons; et, lorsqu'on leur proposait une réforme, même timide, malgré le respect, le touchant attachement qu'ils portaient à leurs maîtres, on leur voyait faire une moue si expressive, si désolée dans son incrédulité, que tout élan vers le mieux était bientôt découragé par cet obstacle d'inertie; d'autant mieux que, le plus souvent, le maître avait de bonnes raisons pour ne pas se croire plus habile que son valet. D'ailleurs, dans cette tradition souveraine, tout n'était pas mauvais, et nombre de vieilles pratiques d'alors, inconnues de nos générations nouvelles, mériteraient d'être reprises, si leur caractère lent ou leur apparence coûteuse ne faisaient repousser *a priori* leur adoption par les jeunes hommes d'aujourd'hui. En cette fin de siècle, où tout marche à la vapeur, à l'électricité, que dirait-on du transport des terres à dos d'âne ou de cheval, avec des *bajaules* de bois ou de paille tressée, transport opéré sous la direction de femmes ou d'enfants qui, en même temps, portaient avec entrain des *baillots* remplis de terre sur la tête?

Mais, il faut le dire, la nature semblait être d'accord avec les vignerons pour donner à ceux-ci une apparence de raison. Le soleil resplendissait aux heures voulues, les champs étaient tout verts, ou dorés, et des bois, bien plus étendus qu'aujourd'hui, faisaient ressortir cette magnificence par le contraste de larges et sombres cadres de velours. C'était un équilibre charmant, une harmonie candide des diverses espèces qui, loin de se faire une guerre destructive, se donnaient à cœur joie du bien-être de l'atmosphère pure, du parfum de la campagne, et semblaient s'ingénier à contribuer à la satisfaction des yeux. L'air était peuplé de choses qui, depuis, ont presque disparu : papillons étincelants au vol capricieux, oiseaux divers, agiles et babillards, qui se précipitaient du ciel pour aller jouer à cache-cache dans les hautes haies d'alors. Comme soixante ans plus tôt, au temps de Gensonné, le grand voisin de Sainte-Croix-du-Mont, les grives, avides d'une proie délicate, arrivaient, en octobre, par vols immenses que, gaiement, pour protéger la récolte, les adolescents, à grands cris et à coups de fouets, chassaient vers des filets de soie masqués par l'épaisseur du feuillage (1).

Quand nos antiques et gigantesques ceps de vigne, épuisés, ver-

(1) « L'estimable et infortuné Gensonné m'a dit avoir pris jusqu'à un millier de grives en un seul jour. » — Article de Bosc, dans le *Cours* ou *Dictionnaire d'agriculture* de 1822, t. VII, p. 544.

moulus, ne voulaient plus pousser, nous les étendions sous le sol en *couchadis;* et la terre d'alors ne semblait pas se trouver mal de cette accumulation de cadavres ensevelis par couches de lacis inextricables. Quel *pourridié* cela ferait aujourd'hui, mon Dieu!

Par suite de ce moyen permanent de renouvellement, nous avions des domaines dont l'encépagement ne s'améliorait guère; nous cultivions d'une façon plus primitive, parfois incomplète, fort coûteuse cependant, car elle se faisait à la bêche, sur les coteaux aménagés en terrasses successives; et, là où on labourait, c'était encore avec l'araire de bois des Romains. Et pourtant nos récoltes étaient assez abondantes, notre vin excellent, parfois on le vendait cher, et le bateau marchait tout seul, doucement, sans efforts de l'équipage.

Passionné, dans mon jeune âge (et je le suis encore), pour les vers grecs du plus vieux de tous les agriculteurs, Hésiode, je constatais, vers 1850, que rien n'était plus vrai que le passage où le poète affirmait que la terre, sous l'âge d'or, offrait « spontanément » à l'homme ses fruits abondants (1). J'ai eu à modifier depuis mon commentaire sur Hésiode, car, vers ce moment même, l'oïdium allait surgir et causer mes premières désillusions. Désillusions! combien, depuis lors, a-t-il fallu en enregistrer, en *encarrasser*, à la place des barriques absentes!

De l'âge d'or des Grecs, il fallut, hélas! descendre au temps des vaches maigres de l'Égypte; et nous savons s'il y en a eu pendant plus de sept ans!

Lorsque l'oïdium commença ses ravages, rien ici n'était prêt pour le combat: ni les courages, ni les moyens. Accoutumés aux jours cléments, les gens ne voulaient pas croire aux jours sombres. A chaque printemps, en voyant arriver de vigoureuses formances, on se disait: « Cette fois, la récolte arrivera à bon port! » L'illusion durait deux ou trois mois; mais juillet survenait, les raisins prenaient une teinte terne, cendrée, et, peu à peu, les grains crevaient: Adieu! paniers, il n'y avait plus de vendanges à faire.

On entendait bien parler du soufre comme d'un remède, mais, soit qu'on l'employât mal, parce qu'on n'avait pas foi, soit que la maladie fût trop intense, les résultats restaient nuls d'abord. Rien n'était plus douloureux que ces essais inutiles en face des belles récoltes qui se présentaient et que quelques jours suffisaient à faire disparaître. On s'acheminait vers la misère. Là où on avait récolté deux cents bar-

(1) Hésiode, *Travaux et Jours,* 117-118.

riques, il en arrivait sept ou huit, et pas excellentes. Chacun se lamentait à part soi, mais nulle initiative, nulle entente. Continuer à façonner *en plein*, à la bêche, des vignes qui ne donnaient plus rien, était devenu pour tous chose impraticable. On se mit à arracher; les uns essayant diverses cultures, les autres replantant en *règes*, pour labourer et économiser la main-d'œuvre. Mais le mal était venu trop vite, et chez des populations trop accoutumées au bien-être passé pour qu'il y eût vif effort de compréhension et pensée d'observer les tentatives timides du voisin, de suivre les suggestions du raisonnement.

Douze ou quinze ans ont été perdus à ce moment, qui eussent pu être réduits au tiers de cette durée, si le personnel cultivant avait été en mesure et en goût de connaître de meilleures méthodes; si, surtout, de l'un à l'autre, on se fût prêté secours. Grave enseignement dont on ne comprit que plus tard l'importance! Toutefois, par la force même du temps, par la replantation en rangs labourables, par l'amoindrissement de l'intensité de l'oïdium, par ces progrès enfin que l'on ne peut pas ne point faire, même en ne mettant qu'une médiocre attention à ce que l'on fait, on était arrivé à sauver de nouveau les récoltes; et, la bonne nature y mettant encore du sien, on vit en notre canton revenir l'abondance. Elle fut superbe en 1870; jolie un peu avant, un peu après; et, vraiment, en dehors de la désolation morale causée par la guerre, on se laissait de nouveau gagner par l'espoir dans l'avenir.

Hélas! d'autres années terribles approchaient. Du Midi, d'ailleurs, des nouvelles sinistres venaient obséder les esprits. L'avait-on déjà dans sa vigne, ce mal qui répandait la terreur? Eh! oui! Chacun savait, sans le dire haut, que, dans tel coin de son vignoble, une tache était apparue, qui, l'an d'après, avait grandi. Et puis, de proche en proche, la contagion phylloxérique devenait manifeste. On voyait les coteaux pâlir, devenir chauves. Et que faire? On vous parlait à la fois d'insecticides, de submersion, de remèdes secrets, de remèdes de hasard, de plants américains. Qui croire? car, à côté de panacées rendant l'espérance pour un jour et qu'on avait essayées sans résultat, les journaux agricoles vous apportaient surtout la désillusion. Il y avait toujours quelques coins de terre où l'on apprenait que l'insuccès avait accompagné le moyen même que l'on se disposait à appliquer chez soi.

Et puis, je ne sais quelle tristesse endémique engourdissait les êtres vivants, comme le mal envahissait la vigne. Le monde aérien avait émigré, et c'est à peine si, de loin en loin, on voyait encore une bergeronnette préoccupée suivre dans le sillon le bouvier, autrefois son ami, mais duquel, maintenant, dans son isolement craintif, elle semblait se méfier.

Vers 1878, on se trouvait au point maximum de la dévastation. Les vignes s'arrachaient partout dans le pays, car partout elles étaient mourantes.

C'est à ce moment que notre canton sentit enfin la nécessité suprême d'une campagne virile, dégagée de tout égoïsme.

Elle fut entreprise. Et je ne puis, sans une émotion vive, me rappeler la vaillance des premiers combattants. Ils étaient d'abord six ou sept; bientôt nous étions douze : nous greffions, et déjà le feu sacré s'emparait de nous. Chaque jour voyait naître un instrument nouveau pour faciliter le greffage. A Sainte-Croix-du-Mont, l'honneur d'avoir fourni les premiers combattants dont l'exemple et le dévouement furent si efficaces! Loupiac, Omet, Gabarnac, Cadillac ne se firent point prier longtemps; et alors commença une lutte merveilleuse, dont le souvenir est vraiment chose plus attachante et plus saine, je l'atteste, que le mirage des périodes séduisantes du passé et de leur agréable *far niente*. Les coteaux, il est vrai, n'avaient plus que la couleur sévère de la terre, ou celle de quelques cultures dérobées; mais, en hiver, on y voyait la fourmilière des défonceurs, des constructeurs de drainages; au printemps, celle des greffeurs agenouillés à califourchon sur les longues lignes de porte-greffes, et puis le palissage en fil de fer; et bientôt les pousses vigoureuses des jeunes greffons, tout fiers de donner la mesure de ce qu'on en pouvait attendre; et l'on croyait désormais au lendemain; et l'on oubliait ses peines, ne songeant déjà plus à autre chose qu'au vignoble qui allait apparaître, dans quatre ou cinq ans, reconstitué!

Si vous aviez vu ces braves figures halées, ayant le rayon d'espérance, au-dessus de ces habits maculés par la terre où il fallait se rouler! Ah! ce n'étaient pas de beaux jours, il faut le dire, pour les gens pourvus de coquetterie. Certain matin, un cultivateur que je connais bien sortait de chez lui dans son costume journalier, dont il n'avait jamais songé à remarquer le caractère étrange. Un vieux pardessus roussi était jeté sur ses épaules, attaché, en haut, par un lien en raphia dont une floche soutenait le bec-de-corbin d'un parapluie avarié; à gauche, sur le flanc, un sac de toile contenant des serpettes, des sécateurs et des greffons; à droite, un sac pareil, plein d'étiquettes, de fils de fer et de liens à greffage; chapeau de feutre décoloré, en éteignoir, prévoyant la pluie; pantalons mouillés de boue aux genoux; éclaboussures partout, et sabots éculés, traînants. Il sortait de sa demeure qu'on appelle le château, dans le pays, et s'en allait greffer en plaine. A cent pas de chez lui, un mendiant le croise, pas trop mal mis, celui-là, et qui, le prenant pour un confrère en détresse, l'arrête et lui dit d'un ton gouailleur et parisien, en montrant du doigt la maison : « Dites, est-ce qu'on donne dans cette baraque? » — « On m'a donné, allez-y voir! » répondit ce vigneron.

Or, ce vigneron, qui a eu maintes fois l'occasion de présider des cérémonies réputées solennelles, n'a gardé d'aucune, je vous l'assure, des impressions plus sereines que de cet incident, presque grotesque, mais arrivé en période héroïque de combat.

A participer en commun à ces dures épreuves, nos cultivateurs du canton sentirent, sans l'intervention du fabuliste, combien il est vrai que

> Toute puissance est faible, à moins que d'être unie;

et c'est de ce sentiment que naquit, en 1884, le Comice de Cadillac.

Ceux qui le composaient avaient déjà leur conviction faite sur un certain nombre de principes essentiels. Leur âme n'était plus assombrie par l'incertitude de l'avenir, et leur zèle naissait moins d'une pensée d'intérêt personnel que de l'impatience de rendre utiles à tous des vérités pratiquement constatées.

On vit alors, pendant l'espace d'une douzaine d'années, un spectacle tout nouveau dans le canton de Cadillac. La notoriété était venue au Comice sans qu'on l'eût cherchée. Mais des discussions, des études simples et consciencieuses y avaient été publiées sur l'adaptation, sur le greffage, sur la taille, sur les maladies cryptogamiques. Le bruit public — non pas le mauvais, mais celui que soulève cette salutaire émulation dont parle le poète — amenait dans le pays des processions, des pèlerinages de viticulteurs, venant de tous les départements viticoles et aussi de l'étranger. Il est tel des domaines de la région, où, en deux ans, on reçut plus de dix mille personnes. Tantôt des ministres, des savants, des missions de nations éloignées, des escouades de vignerons italiens, espagnols, des Autrichiens, des Russes; tantôt la duchesse de Fitz-James (l'une des héroïnes de la campagne viticole, — l'autre était Mme Ponsot); tantôt de très grandes dames hongroises; et des préfets (car il en fut bien six ou sept qui s'intéressèrent au relèvement viticole de la patrie). Pendant ce temps, la reconstitution s'étendait, la vigne reprenait ses anciennes positions; et ceux qui, vers 1882, avaient pu voir, des hauteurs de Gabarnac, un canton totalement dévasté, pouvaient, en 1898, admirer la fécondité revenue et la riche verdure des pampres couronnant de nouveau tous les sommets. Et ce n'étaient pas des vignes quelconques qui, du château rajeuni de Sainte-Croix et des ruines du Cros jusqu'au sombre donjon de Langoiran, balançaient, à perte de vue, cette luxuriante ramure : c'étaient, sur des bases résistantes, les anciennes vignes indigènes, celles qui donnaient jadis le vin fameux de nos grands crus, et qui, maintenant, donnent un vin meilleur encore, car l'obligation de les planter à nouveau a rendu naturelle la sélection la plus délicate des cépages de vendange. Ah! si le sage et généreux Gensonné, revenant en son cher Sainte-Croix, avait pu contempler cet exemple des résultats produits par une fraternité paisible et active, après tant de révolutions de la nature et des hommes, comme son cœur de patriote eût bondi de joie!

Est-ce à dire qu'il n'y ait plus qu'à pousser des cris d'allégresse, à la vue de cette renaissance inespérée? Eh! non! il y a mieux à faire, car l'exemple du passé a démontré qu'au lendemain de la victoire il peut y avoir la défaite, si l'on ne reste pas capable et digne d'être toujours vainqueur. D'ailleurs, après l'oïdium, après le phylloxera, après le mildiou, un autre dévastateur a levé la tête. Sans perdre son temps à s'enorgueillir, il faut maintenant le dompter; et c'est vraiment presque fait à l'heure qu'il est par d'intelligents et vaillants lutteurs. S'il ne s'agissait pas d'hommes qui sont de la maison, c'est-à-dire de notre Comice, il serait peut-être permis de constater que là encore, comme aussi pour la création de notre École primaire supérieure agricole de Cadillac, le bon combat a été livré, soutenu, et avec bon succès. Mais disons autre chose, ou plutôt tirons une morale plus large de ce récit.

A deux reprises, malgré l'activité la plus grande de quelques-uns, il a fallu environ dix-huit ans pour triompher de chacun des fléaux divers qui ont sévi dans nos régions. Cependant, les moyens de succès décisifs avaient été rencontrés bien avant le délai final de ces périodes trop prolongées. Seule, la démonstration par la notoriété de l'exemple avait exigé cette lenteur, si préjudiciable aux grands intérêts du pays.

Que n'eût-on pas gagné pour le bien-être national, si l'on eût pu faire plus vite ce qui s'est fait plus lentement; et comment faudrait-il s'y prendre désormais pour accélérer le succès agricole, quand la manière de le produire est incontestablement connue? Ce qu'il faudrait faire, nous allons, pour finir, l'esquisser en quelques mots.

« Nul n'est prophète en son pays, » dit un proverbe qui n'est pas celui où l'on peut le mieux reconnaître la Sagesse des Nations; mais le proverbe est exact. Ce qu'arrivent difficilement à produire des individus isolés, soit parce qu'on les juge mal, soit parce qu'on les jalouse, une collectivité telle qu'un Comice parvient mieux à le faire, encore que cette collectivité ait ses détracteurs. Mais bien mieux qu'un Comice, bien mieux que tous les Comices, le ferait, en se servant d'eux, une institution tout à fait impersonnelle, parlant au nom du pays, au nom de l'État, et, par la science et la pratique réunies, vulgarisant, dès qu'elle est trouvée, la notion de la vérité.

En dehors de leur destination religieuse permanente, les cloches, jadis, aux moments d'émoi, étaient fréquemment employées pour annoncer les fléaux, les dangers, l'arrivée de l'ennemi. Tâchons, en vue de l'avenir, d'en créer qui servent à propager vite la bonne nouvelle agricole; travaillons à établir les assises de la robuste tour qui portera ce téléphone bienfaisant du progrès pratique, du progrès connu, afin que sa voix anonyme, autrement vigilante que celle des veilleurs de nuit du Moyen-Age, soit prête à faire entendre, à toute heure et dans toutes les directions, ce que chacun a intérêt à connaître pour accélérer le bien de tous ([1]).

Reinhold DEZEIMERIS,

Président d'honneur du Comice.

([1]) Dans une mesure modeste, mais avec une efficacité très évidente, le Comice de Cadillac pratique cette méthode des avertissements rapides à fournir aux viticulteurs. Dès que les membres de son Bureau, préposés à l'observation des phénomènes atmosphériques, ont constaté l'arrivée d'une dépression de nature à développer le black rot ou le mildiou, un affichage pour ainsi dire instantané, effectué dans toutes les communes du canton de Cadillac, indique l'opportunité d'une aspersion de bouillie cuprique. Presque tous les propriétaires se conforment à cette indication et s'en trouvent à merveille. Est-il nécessaire de démontrer à quel point de telles pratiques seraient fécondes si, au lieu d'être restreintes aux limites d'un canton, elles s'étendaient à toute une région viticole? Personne ne s'avise de mettre en doute l'efficacité des phares pour les navigations nocturnes. Ne sent-on que beaucoup des opérations agricoles ressemblent à des traversées rendues périlleuses par l'absence de notions suffisantes sur la prévision du temps et par l'obscurité de la décision à prendre? Combien, là aussi, une lueur secourable fournie à l'heure critique pourrait-elle conjurer de naufrages!

VUE DE CADILLAC

LE CANTON PITTORESQUE

Ce titre explique assez les quelques pages qui vont suivre. Nous avons entrepris de peindre un coin de France, un morceau de Gironde, afin d'en fixer la physionomie. Ce n'est pas un guide complet et documenté, un semblable travail, si succinct qu'on le suppose, excéderait notablement les limites qui nous sont imposées. C'est une promenade rapide à travers le canton; l'exactitude en fera tous les frais et tout le charme.

I

PHYSIONOMIE GÉNÉRALE DU CANTON

« La voilà, la vraie belle France! »
O. Reclus.

« Ici, il y a du vin dans le cœur! »
J. Michelet.

Parler de ce coin délicieux de la Gironde, c'est le faire aimer, car nous sommes ici dans un pays vraiment magnifique: il présente, en effet, les aspects les plus variés, malgré l'uniformité de la culture, car partout s'étale aux yeux, comme un manteau royal, la tache réjouissante de la vigne pleine de vigueur et de production.

Géographie du canton de Cadillac.

Mais voyons d'abord quelle place et quelle étendue le canton de Cadillac occupe dans la Gironde, et, pour cela, jetons un coup d'œil sur la carte. Situé sur la rive droite de la Garonne à égale distance de Bordeaux et de La Réole, il s'étend sur un parcours de 16 kilomètres entre Langoiran et Sainte-Croix-du-Mont en une bande de 4 à 5 kilomètres de largeur qui se développe et s'arrondit à ses deux extrémités. Cinq ruisseaux tributaires du fleuve l'arrosent également dans toutes ses parties (1). Des routes et des chemins le sillonnent en tous sens, formant un réseau serré; mais cinq artères principales le pénètrent (2) pour converger vers la coquette petite ville de Cadillac, cité active et commerçante, point central où affluent tous les produits de la région.

Les seize communes qu'il contient sont autant de fleurons à sa couronne (3).

Pour avoir une idée exacte et générale de cette contrée, montons au sommet d'une des collines qui dominent Cadillac, au sommet du Cros, par exemple, et nous aurons sous les yeux un panorama d'une extrême beauté : à nos pieds coule le fleuve; il n'est point furieux comme le Rhône, il n'a point la tranquillité de la Seine ou de la Loire, mais il est à la fois paisible et vivant. La vallée où il serpente est un véritable jardin qui mériterait la renommée de la Touraine, et les villes et les villages, toujours rapprochés, témoignent de la richesse du pays et de sa vitalité.

C'est Loupiac, Cadillac, Béguey, Rions, Paillet, Lestiac, Langoiran, qui surgissent de cet écrin de verdure, d'où émergent çà et là des édifices, des châteaux ou des clochers plantés comme des jalons.

Et sur la rive gauche, Barsac, Bommes, Sauternes et leurs crus fameux.

Devant nous, la plaine des landes, où se perd le regard, ne manque pas de grandeur dans sa vaste et sombre étendue qui contraste étrangement avec les riantes collines de la rive droite.

A gauche, le coteau de Sainte-Croix-du-Mont, couvert de vignes et couronné d'un château noyé dans la verdure, forme, avec la flèche aiguë du clocher qui s'élance fièrement vers le ciel, un ensemble plein de pittoresque.

Si on s'éloigne des rives de la Garonne, le canton présente une succession de collines variant entre 60 et 100 mètres d'altitude, de plaines hautes, de vallées, de coteaux rarement escarpés et liés les uns aux autres par de longues pentes ondulées ou séparées par de frais et sinueux vallons.

Les maîtres paysagistes de toutes les écoles trouveraient ici des sujets dignes de leur pinceau : en remontant le cours de l'Euille, certain coin imprévu, égayé d'un pont rustique, rempli d'ombre, eût pu inspirer un Corot ou un Daubigny; la vallée du Mouliot présente plus d'un site enchanteur, séduisant et recueilli, qui eût charmé un Jules Dupré ou un

(1) Ruisseau de *Gaillardon* ou *estey de Langoiran*, sépare le bourg du Bas-Langoiran de celui du Tourne : 13,500 mètres, 4 affluents. — Le *Laubès* ou ruisseau d'*Artolie*, qui passe à Paillet : 6,500 mètres. — L'*Euille*, à Cadillac : 18,000 mètres, 4 affluents. — Le ruisseau du *Mouliot*, à Loupiac : 2,000 mètres, 2 affluents. — Le *Larrivat*, à Sainte-Croix-du-Mont.

(2) Chemins de grande communication de Cadillac à La Sauve, à Branne, à Sauveterre.
Route départementale (Bordeaux à Saint-Macaire) de Cadillac à Bordeaux, à Saint-Macaire.

(3) Communes riveraines : Langoiran, Lestiac, Paillet, Rions, Béguey, *Cadillac*, Loupiac, Sainte-Croix-du-Mont.
A l'intérieur : Gabarnac, Monprimblanc, Donzac, Omet, Laroque, Cardan, Villenave-de-Rions, Capian.

Diaz; entre Boudey et Prends-y-garde, s'étend une région boisée pleine de grandeur, où Français eût planté sa tente avec délices; la vallée du ruisseau du Tourne eût pu servir de modèle à Puvis de Chavannes pour son tableau du *Repos* ou du *Bois sacré*.

Le charme discret de ces vallons s'ajoute à la majesté de l'ample vallée.

Le sol du canton.

Le sol est aussi fertile que varié : à l'ouest et au sud-ouest, les palus bordent la Garonne; à peu de distance de la rivière, la plaine moyenne est généralement sablonneuse et caillouteuse; sur les coteaux, tantôt des terres fortes argilo-calcaires, argilo-sableuses, tantôt des terres argilo-graveleuses et quelques sommets plus ou moins argileux; en haut, enfin, le plateau se compose de terres silico-argileuses.

Le sous-sol aussi est varié : dans les plaines bordant la Garonne, sable, argile ou grave; à la base des coteaux, carrières de pierres calcaires tendres ou demi-dures; sur les plateaux, des gravières et des sablières, et, souvent, une argile compacte, rougeâtre et ferrugineuse nommée dans le pays *ribot*.

Tous ces terrains appartiennent au miocène inférieur et supérieur, à part les sols silico-argileux des plateaux, qui proviennent d'alluvions anciennes, et les palus, dus aux alluvions de la Garonne.

On peut dire que, dans cette région, le climat est essentiellement modéré : les pluies, quoique assez fréquentes, ne sont point torrentielles, le froid y est vif sans être glacial, la chaleur est forte sans être torride et les brouillards sont rares et de peu de durée(1).

Ces diverses natures de sol et ce climat tempéré conviennent merveilleusement à la culture de la vigne, qui est pratiquée ici avec un soin jaloux.

Le pays, couvert de vignobles magnifiques, a reconquis son ancienne splendeur : sur les collines, le long des pentes, dans les vallons, les plaines et les palus, partout s'étendent d'innombrables règes aux ceps vigoureux, longues et droites, groupées et alignées comme des bataillons.

Les vins du canton.

La nature diverse des terres et l'exposition variée des vignobles permettent de récolter des vins exquis, quoique de qualité et de saveur bien différentes.

En dehors des grands premiers crus, nos voisins, tous nos vins, nos vins blancs surtout, occupent dans la classification un des meilleurs rangs.

On a dit que le Bordeaux était la grâce, le Bourgogne la force, le Champagne l'esprit et le rire. Cela est vrai, et quoique moins prônés que le Sauternes ou le Château-Margaux, les vins du canton possèdent une réputation méritée et ils ont leurs qualités propres.

(1) La hauteur moyenne annuelle des pluies peut être évaluée à 831 millimètres. La neige tombe rarement et fond peu après sa chute, cependant le 13 avril 1875 elle a persisté abondante pendant près de deux jours. La température moyenne est de 13° 6.

Les glaces ont toujours été rares sur la Garonne, mais les hivers de 1869-70, 70-71, 71-72 et le mois de janvier 1876 ont laissé le souvenir de glaçons que la Garonne a charriés.

Dans tout le canton, les vignobles blancs sont composés des mêmes cépages que le Sauternais; le mode de vendange, de vinification et de conservation des vins y est le même. Et quand s'ajoute à ces avantages l'heureuse influence de l'exposition et du terrain, on a des vins de premier ordre qui rivalisent avec ceux de la rive gauche. Les vins de Sainte-Croix-du-Mont ont de la race, de la force, de la liqueur; après eux, ceux de Loupiac ont des qualités de même ordre, comme ceux que Gabarnac produit sur les mêmes terrains et à la même exposition que Loupiac. Les vins blancs de Langoiran ont moins de force et de liqueur, mais plus de finesse peut-être que les Sainte-Croix-du-Mont. Ceux qu'on récolte sur les côtes des vallées secondaires, côtes de Cadillac, d'Omet, de Donzac, de Capian, de Rions, de Cardan, sans rivaliser avec leurs congénères de Sainte-Croix-du-Mont, leur empruntent certaines de leurs qualités, et s'en rapprochent davantage que de leurs voisins de l'Entre-deux-Mers, vins ordinaires appréciables, frais et secs, mais sans liqueur et sans finesse.

Les vins rouges, corsés et colorés, gagnent beaucoup en vieillissant; ils sont bouquetés comme ceux des Graves, à Rions, Paillet, Langoiran, Capian, Villenave-de-Rions.

Le caractère des habitants.

Dans un tel cadre et avec de tels éléments, le caractère des habitants n'a pu que subir une influence heureuse. L'habitant est gai, vif, généreux, amoureux de l'indépendance, prévenant, complaisant et affable. Bien qu'à différentes époques le pays ait été occupé par les Romains, les Goths, les Francs, les Sarrasins, les Normands, les Gascons ou les Anglais; bien que sa richesse y ait attiré une foule d'hommes de toutes les contrées, le fond gaulois est toujours resté le même, la physionomie primitive de la race n'a pas changé. Le vieux sang gaulois coule encore dans les veines des habitants du canton, et leur verve, leur franchise, leur esprit enthousiaste, leur honnêteté, se retrouvent empreintes sur tous les visages. On peut dire que le canton de Cadillac, c'est la Gironde tout entière, c'est la synthèse animée de cette région où toutes les qualités vraiment françaises se trouvent réunies.

Le Comice de Cadillac.

On a pu voir, il y a vingt ans, ce qu'était cette population. Le phylloxera détruisit alors nos vignobles, semant partout la ruine et faisant sombre l'avenir. Alors se produisit une chose merveilleuse : quelques hommes pénétrés de l'idée du devoir, relevèrent les courages un instant abattus. Au milieu de la terrible agonie de nos vignes, un élan d'activité extraordinaire prit naissance: un Comice se fonda. On fit acte de solidarité sociale, on concentra sur un seul point toutes les forces. L'expérience de chacun profita à tous; l'activité de quelques-uns éveilla l'activité de tous, et l'activité, c'est la victoire. On vainquit en effet. Et si l'épreuve fut rude, elle produisit d'heureux résultats: à la façon routinière de cultiver, a fait place la culture raisonnée, basée sur les données de la science.

Le vigneron, si apathique aux époques d'abondance facile, a montré devant le fléau phylloxérique une ténacité qu'on ne soupçonnait pas en lui et qui témoigne de la vitalité de notre race; il a eu foi dans le succès définitif de la reconstitution et, renonçant à toute routine, il s'est astreint à cet esprit de méthode qui assure les résultats féconds.

Dans toutes les luttes soutenues, dans toutes les améliorations réalisées depuis quinze ans, on trouve le Comice au premier rang, vigilant, actif, studieux, passionnément appliqué à tous les problèmes d'où dépend la prospérité du canton et de la viticulture française.

Et M. Méline disait vrai quand il affirmait : « C'est de ce monde agricole qu'on a cru si longtemps voué à l'esprit de routine invétérée et dépourvu de toute initiative qu'est partie l'étincelle qui doit régénérer le monde... »

Le dialecte gascon.

Mais nous perdons de vue l'objet de ce chapitre, et pour être complet, il nous faut dire quelques mots du dialecte gascon qu'on parle encore dans nos campagnes et qui a pour caractère principal la naïveté, la douceur avec une extrême énergie.

Montaigne en a fait l'éloge : « Il y a au-dessus de nous, vers les montagnes, un gascon que je trouve singulièrement beau, sec, bref, signifiant et, à la vérité, un langage masle et militaire plus qu'aultre que j'entende, autant nerveux, puissant et pertinent, comme le français est gracieux, délicat et abondant. » (*Essais*, liv. II, chap. XVII.)

Au XVIIIe siècle, l'abbé Girardeau, curé de Saint-Macaire, écrivit les *Macariennes*, en vers gascons (1763), ouvrage réimprimé en 1862 par les soins de M. Dezeimeris. Gobain est l'auteur de *Noëls*, chansons à la fois naïves et charmantes, dont l'une : *Rébeillats bous, meynades*, sur l'ancien air : *Laissez paître vos bêtes* (XVIe siècle), est restée populaire.

Au XIXe siècle, les poètes gascons les plus remarquables sont : Jasmin, Verdié et Blanc, dont les vers jettent dans l'esprit tant d'éclatantes images.

Les coutumes.

Parmi les coutumes particulières, signalons les croix fleuries qu'on voit au-dessus des portes, dans nos villages, et qui ont passé trois fois dans la flamme du bûcher de Saint-Jean. C'était un préservatif de la foudre.

Du vêtement d'autrefois l'ancienne coiffure seule subsiste encore dans nos campagnes, quoique abandonnée peu à peu par les nouvelles générations. C'est un simple foulard habilement noué. Il n'est point rond et plat comme celui des Basquaises, ni pointu et orné de dentelles comme celui des Arlésiennes, mais il est plus drapé, plus chiffonné et se termine par un bout flottant. Cette coiffure gracieuse discipline et maintient les chevelures opulentes qu'elle couronne agréablement.

Telle est la physionomie générale du canton et le caractère de ses habitants.

A tout seigneur, tous honneurs! Faisons d'abord une visite à Cadillac, chef-lieu du canton, ancienne capitale du comté de Benauge.

II

CADILLAC

CADILLAC. — 2,715 hab. — 544 hect. — 82 mètres d'altitude à Peytoupin. — 38 kil. au S.-S.-E. de Bordeaux. — ✉, ☈, Téléph. — Château du duc d'Épernon bâti en 1599. — Portes et murs de ville classés monuments historiques (datant de 1315 environ). Pont métallique construit en 1880, reliant Cadillac à Cérons. *Vins rouges* corsés, colorés et coulants; prix de primeur : 350 à 700 francs. *Vins blancs* souples, corsés et assez agréables, quoique moins fins que ceux de Sainte-Croix-du-Mont; prix de primeur : 400 à 750 francs.

Principaux crus : Château Fayaut, Château le Juge, Château de la Passonne, le Gard, Clarens, la Grange, Lardiley, chalet Pérey, Bertranet, Saillan, Bertaut, Madrelle, Clos de Jeanneau, Gaillardon, Arnaud-Jouan, le Vergey, la Salle, Saint-Martin, Pargade, Lamothe, Laulan, Garreau, Comte, Saint-Cricq, la Ferreyre, le Pin, Naudon, Richet, Peytoupin, Lagnet, Boudey, Baries, Lavau.

Pour s'y rendre : Rive gauche : Chemin de fer du Midi (ligne Bordeaux-Cette), station de Cérons à 2 kil., service d'omnibus à tous les trains. Route nationale de Paris à Bordeaux et en Espagne. — Rive droite : Tramway à vapeur Bordeaux-Cadillac (gare Bordeaux-Bastide). Route départementale de Bordeaux à Saint-Macaire. — Bateaux à vapeur.

Description de Cadillac.

De quelque point que l'on observe Cadillac, de quelque côté qu'on y arrive, il offre toujours au regard un aspect intéressant et animé.

C'est depuis le pont élégant jeté sur la Garonne qu'il faut voir Cadillac. Sur un fond de collines verdoyantes se détache la silhouette de la coquette petite ville, d'où émergent son clocher gothique à la flèche élancée et vigoureuse, son château imposant, sa tour d'horloge, massive et trapue, surmontée d'un gracieux pavillon octogonal, ses murs flanqués de tours crénelées qui témoignent d'un glorieux passé et qui évoquent des temps lointains et héroïques.

En amont, à quatre kilomètres plus loin, au point où la Garonne disparaît dans un tournant, c'est la colline du Cros et son château; à gauche, c'est Béguey, et, sur l'autre rive, le petit port de Cérons.

Le port de Cadillac est bien aménagé : deux cales inclinées, solidement construites à droite et à gauche du pont, facilitent le chargement ou le déchargement des nombreuses gabares qui le fréquentent.

Tandis que descendent au fil du courant les bateaux du haut de la rivière, d'autres le remontent, amarrés en file indienne à de puissants remorqueurs, formant un chapelet interminable. Enfin, des bateaux à aubes, plus rapides, longs, effilés, flanqués de deux énormes tambours, offrent, à la belle saison, au voyageur peu pressé, l'agrément d'un voyage tout à fait séduisant, car il voit se dérouler sous ses yeux le magnifique panorama des rives de la Garonne (1).

Mais descendons vers Cadillac par l'Avenue du Pont, et nous voici près des remparts, sur les allées : à gauche, la gare du tramway; à droite, deux places vastes et ombragées de platanes qui présentent les jours de foire ou de marché une très grande animation.

Entrons dans la ville par une brèche faite dans les murs pour un motif aussi utile que pacifique, et nous voici sur la place de la Halle que nous traversons en diagonale. Nous sommes ici au centre de Cadillac : devant nous, la Grand'Rue, au bout de laquelle se dresse la tour de l'Horloge, carrée, massive, imposante, coiffée d'un dôme surmonté d'un gracieux campanile, et enfin d'un coq, du coq gaulois, qui, immobilisé par la rouille, sans doute, dans une attitude fière et dominatrice, semble dire aux curieux de météorologie : « Voilà assez longtemps que je suis le jouet des vents; j'ai le droit de me reposer; j'ai d'ailleurs assez d'expérience et si mon regard reste immuablement fixé entre la direction O. et N., c'est que de là viennent les vents dominants qui soufflent sur la contrée. »

Derrière nous, se dresse le château, qui semble nous écraser par son importance, avec ses hautes murailles de soubassement construites en talus et son pavillon d'angle qui s'élève au point où la rue disparaît dans un coude.

A droite, la rue du Marché, montante, conduit à l'église gothique, précieuse et ornée, avec ses clochetons délicatement sculptés, ses statues, et son immense rose centrale. C'est l'église Saint-Blaise, monument historique du XVe et du XVIe siècle, qui contient quelques tableaux d'une certaine valeur et un autel élevé en 1632 par Daurimon (dit Roubiscon), qui fit aussi le tabernacle. Mais elle est surtout remarquable par la petite chapelle qui la flanque à l'angle S.-O., appelée Chapelle du duc d'Epernon, où se dressait son magnifique mausolée sculpté en 1598 par Pierre Biard. Ce mausolée fut détruit en 1792 et plusieurs cercueils en plomb extraits du caveau furent convertis en balles. La remarquable statue en bronze de la Renommée qui surmontait le monument a été transférée au Louvre (salle de la Renaissance) en 1835 (2).

En face de l'église est la place du Marché, sur laquelle le château a sa façade et son entrée principale.

Enfin, derrière nous, s'élève l'Hôtel de Ville et la Halle avec ses robustes piliers reliés par des arcades. C'est là qu'a lieu le samedi le marché au blé!

Quelques restes d'arceaux nous aident à reconstituer par la pensée l'aspect primitif de cette place, quand, il y a un siècle à peine, ils existaient encore sur tout le pourtour.

Nous apercevons encore du même point la Porte de la Mer, tour carrée,

(1) La navigation à vapeur sur la Garonne date de 1840. L'amélioration de la Garonne entre Portets et Castets, décrétée en 1868, est l'objet de travaux incessants de la part des ingénieurs.

(2) Le socle de la *Renommée* forme aujourd'hui le pied du bénitier de l'église de Castres (Gironde).

crénelée, en très bon état de conservation, par laquelle, à différentes époques, entrèrent, avec leur brillante suite : Henri IV, Richelieu, Anne d'Autriche, Louis XIII, hôtes illustres du duc d'Epernon, « en son magnifique païs et château de Cadilhac. » Il y a, à l'intérieur, une échelle graduée où sont inscrites les dates et marquée la hauteur des débordements qui ont le plus éprouvé les riverains : 1435, 1604, 1618, *1770*, 1845, 1855, 1856, *1875*, *1879*, 1897 (1).

Pour peu que vous aimiez dans les vieilles cités les vieilles rues tortueuses, les vieilles maisons, les vieilles inscriptions, les vieilles enseignes grotesques ou naïves, ce n'est pas à Cadillac que votre curiosité sera satisfaite. C'est à peine si on peut y reconnaître quelques anciennes maisons du xve et du xvie siècle. Seule, peut-être, la rue Sarrasine a conservé un faux air de moyen âge. Déplorons la disparition inévitable de ces reliques de la vieille France, et remarquons que Cadillac est un centre de commerce important; il y règne une activité extraordinaire, et la richesse de la contrée, le voisinage de Bordeaux, les facilités des communications n'ont pas peu contribué à son développement : il a dû, par suite, se moderniser pour répondre à des exigences toujours nouvelles.

La ville, éclairée à l'électricité, est propre et bien tenue; les voies sont larges et bien percées; la circulation animée, surtout le samedi, jour de marché. Une municipalité dévouée et intelligemment dirigée, soucieuse de procurer aux habitants le confort, l'hygiène et la commodité, a pris l'initiative de faire creuser un puits artésien.

Le château de Cadillac

Mais, allons voir le Château, une des plus célèbres curiosités du département. C'est le duc d'Épernon qui le fit construire quelques années avant l'assassinat de Henri IV. On sait que le duc d'Épernon était dans le carrosse du roi et lui lisait une lettre lorsque ce dernier fut poignardé par Ravaillac. On a insinué que le duc n'était pas étranger à ce meurtre, mais cela est invraisemblable. Ce favori, qui fut mêlé à toutes les affaires politiques des règnes de Henri III, Henri IV et Louis XIII, ainsi qu'à toutes les intrigues de la cour, n'a pu échapper à la calomnie, et si on lui reproche d'avoir été ambitieux, vindicatif, insolent, orgueilleux, il faut reconnaître qu'il fut courageux jusqu'à la témérité et qu'il est une des grandes figures de son temps.

La demeure princière qu'il fit construire à Cadillac prouve combien ce pays a de séduction et combien le duc fit de bien autour de lui : en bâtissant ce palais, il favorisa les arts et donna de l'importance à cette petite ville, qui devint plus riche et plus prospère.

C'est en 1599 que fut commencé le Château, sur les plans de Pierre Souffron (ingénieur et maistre architecte des bâtiments de la maison

(1) Grégoire de Tours indique les dates de débordements depuis 580, signalés par des historiens de la Gaule.

En 1875, les vapeurs réquisitionnés contribuèrent puissamment à l'organisation des secours et du sauvetage des populations inondées.

de Navarre); la direction des travaux fut ensuite confiée à Bernard Despesche, puis à messire Gilles de la Touche Aguesse [1], enfin aux Coutereau. Vers 1605, une grande activité régnait dans la bâtisse, dans le parc, dans les jardins, envahis par une armée de « *massons* », charpentiers, couvreurs, « *perriers, ressieurs de bois* », serruriers, jardiniers, « *pradiers* », tandis qu'une pléiade d'artistes décoraient l'intérieur.

Parmi ces derniers, nous citerons les peintres : Mallery, les Pageot, Guillaume Cureau, Christophe Crafft, Bourdon, Lartigue, Lorin, Defresnoy, Antoine de Lapierre, Jean Langlois; les sculpteurs : Symon Bertrand, Pierre Biard, les Richiers [2], Jean Langlois [3], Cottereau, Jean Lefebvre, Jehan Roy, Jean Pageot; les menuisiers-sculpteurs : Claude Dubois, Jean Daurimon; le tapissier parisien Antoine de Lapierre et une foule d'autres artistes de réel talent qu'il serait trop long d'énumérer [4].

Le Château est très intéressant à visiter : il contient toute une série de cheminées monumentales sculptées par Jean Langlois vers 1606 et chargées d'ornementations et de figures décoratives. On en compte peu en France d'aussi remarquables, soit au point de vue architectural, soit au point de vue de l'heureux emploi des motifs sculptés avec art et d'un fini irréprochable. La cheminée de la chambre dite du Roi (Henri IV), d'un travail particulièrement précieux, porte cette devise : *Manet ultima celo* [5]. L'escalier dit de Henri IV offre aussi de l'intérêt par sa construction savante et hardie. Il subsiste encore quelques peintures (plafonds et boiseries), quelques portes d'armoires peintes par Girard Pageot en 1606, qui méritent d'attirer l'attention. Dans les sous-sols voûtés, qui rappellent, dans certaines parties, leur triste destination, se trouve la salle dite « *des échos* », d'une étonnante sonorité.

Une douve profonde, alimentée par une dérivation du ruisseau de l'Euille, entourait le Château.

Pendant longtemps, cette somptueuse demeure fut affectée à une Maison de force et de correction, et une importante maison de Paris (maison Hayem) y avait installé un atelier pour la confection des faux-cols et manchettes, qui subsiste d'ailleurs encore à Cadillac et occupe un nombreux personnel féminin.

Après avoir servi de pénitencier de filles, le Château est aujourd'hui

(1) C'est à cet architecte de talent que sont dues toutes les remarquables décorations intérieures et extérieures du Château de Cadillac.

(2) L'un d'eux (Joseph) fit une fontaine jaillissante surmontée d'un Neptune d'airain, établie sous un berceau de verdure où le duc d'Épernon avait l'habitude de déjeuner.

Il y avait aussi dans le parc des grottes curieuses, comme celles que construisait à la même époque Bernard Palissy aux Tuileries, grottes couvertes de « *figulines* » rustiques, statues, coquillages, etc..., « construites en terre cuite insculpée et esmaillée en façon d'un rocher tortu, bossu, et de diverses couleurs estranges. » (*Les Œuvres de Bernard Palissy : Recepte véritable*, p. 21, par A. France.)

(3) Auteur des remarquables cheminées sculptées qui ornent les salles du Château.

(4) Ouvrages à consulter pour de plus amples renseignements : *Les Artistes des ducs d'Épernon*. Bordeaux, 1888. — *Documents sur l'histoire des Arts en Guyenne*, Ch. Braquehaye. — *Essai sur l'histoire de Cadillac*, Delcros. — *Notice sur les ducs d'Epernon, leur Château de Cadillac*, etc., G.-J. Durand.

(5) « La dernière (couronne) nous attend au ciel. »

inoccupé, et on a songé à y établir une École nationale de viticulture et d'œnologie dont la création est projetée dans la Gironde (1).

Les marchés.

Cadillac fait un commerce important de *vins*, de barriques, de fruits et de primeurs. Les chasselas, les pêches, les pommes s'expédient en grande quantité. Les marchés des petits pois sont aussi très importants depuis que le tramway est établi et en facilite l'expédition.

La pêche y est assez active, de même qu'à Rions, à Paillet, à Lestiac et à Langoiran. On prend surtout : aloses, saumons, mules, anguilles, platus, lamproies (2).

École primaire supérieure et professionnelle d'agriculture.

Cadillac possède encore une École primaire supérieure et professionnelle d'agriculture. Nous ne développerons pas à cette place le programme qui y est suivi, un chapitre spécial étant affecté à ce sujet; nous dirons seulement qu'elle est une heureuse innovation, qu'elle est en bonne voie de prospérité et que les résultats qu'elle donne sont faits pour inspirer confiance dans l'avenir de notre agriculture.

La fête annuelle du Comice.

Parler agriculture ou viticulture à Cadillac, c'est faire battre tous les cœurs à l'unisson, parce qu'elles sont la base essentielle, la source de vie et comme la raison d'être de ce pays. Nous dirons donc quelques mots d'une fête à la fois sérieuse et mondaine, la fête du Comice, la fête des Vendanges, véritable solennité de la terre où le Canton tout entier vient exposer ses richesses et affirmer sa vitalité. Ici, des ceps pliant sous le poids des grappes brunes ou vermeilles; là, des montagnes de fruits ou de légumes; plus loin, des machines agricoles et des outils ou instruments perfectionnés. Cela offre des points de comparaison nombreux, utiles, excellents. C'est une véritable leçon de choses où, à côté du procédé, se montre le résultat qui parle aux yeux.

Cette fête populaire réunit dans un même sentiment de joie commune et de fraternelle union toutes nos populations rurales. Elle est aussi le rendez-vous d'hommes considérables, de savants, de professeurs, de philosophes, d'hommes politiques, d'économistes, qui savent que ces laborieuses populations rurales sont les forces vives de la nation, qu'il faut les fréquenter pour les mieux connaître et les apprécier; enfin, c'est une occasion pour ces hommes de pensée de venir se retremper dans ces purs milieux au parfum de terroir qui réchauffe le cœur et le réconforte. Cela leur permet aussi de s'assimiler et de mettre au jour en de claires et saisissantes formules les aspirations confuses des travailleurs de la terre, aidant ainsi puissamment à leur réalisation.

(1) Il y a à Cadillac un asile d'aliénés où habitent de 600 à 700 personnes, qui a pour origine l'hospice Saint-Léonard, fondé en 1617 par le duc d'Epernon.

(2) Un établissement de pisciculture était établi à Cadillac, mais ne fonctionne plus depuis 1869. Il a cependant contribué à augmenter considérablement la quantité de poissons et notamment la truite saumonée et le saumon.

III

A TRAVERS LE CANTON

O terre de Gascogne, ô nourrice des races,
Dont le soleil de France a mûri la moisson,
Terre où germe le rire, où fleurit la chanson,
Où les pas des aïeux ont imprimé leurs traces!

Armand SILVESTRE.

De Cadillac, cinq belles routes rayonnent sur le canton (1). Nous allons les suivre successivement et jeter un coup d'œil sur les communes qu'elles traversent. Nous utiliserons parfois quelques-uns des nombreux chemins qui les relient entre elles pour décrire trois grands circuits. Cela nous permettra, sinon de faire la connaissance complète et détaillée du canton de Cadillac, du moins d'en saisir l'aspect général et de noter, au passage, les points les plus remarquables.

Première excursion: Cadillac, Béguey, Rions, Paillet, Lestiac, Langoiran, Capian, Villenave-de-Rions, Cardan.

Deuxième excursion: Cadillac, Laroque, Omet, Donzac, Monprimblanc.

Troisième excursion : Cadillac, Loupiac, Sainte-Croix-du-Mont, Gabarnac.

BÉGUEY. — 921 hab. — 316 hect. — 79 mètres d'altitude à l'extrémité N., au moulin des Graves. — 36 kil. au S.-S.-E. de Bordeaux; 1 kil. 1/2 au N.-N.-O. de Cadillac. — Principaux villages: le Bourg, le Reynon, les Capots. — Carrières de pierres assez importantes. — ✉, ☩ : Cadillac. — *Vins rouges* bons ordinaires, généralement un peu supérieurs à ceux de Cadillac; prix de primeur: 450 à 700 francs. — *Vins blancs* fins et parfumés; prix de primeur: 600 à 750 francs et jusqu'à 900 francs dans les premiers crus.

Principaux crus: Château Birot, Château Peyrat, Lagrange, le Pin, Grabaney, Boisson, Tassin, Lapeyrère, Palette, Raz, Verteuil, Reynon, Petit-Enclos, Sables, Livran.

Il suffit de franchir le pont de l'Euille pour être dans Béguey, que l'on peut considérer comme un faubourg de Cadillac.

A droite, une grande porte massive à bossages: c'est l'ancienne entrée du parc du château de Cadillac où le ruisseau serpente. Nous suivons la ligne du tramway, et avant d'arriver au bourg, un coup d'œil jeté vers le fleuve nous permet d'apercevoir le vaste champ de courses, l'hippodrome de Cadillac, où ont lieu chaque année (en juillet) des épreuves hippiques.

(1) Voir page 14.

Béguey est la patrie de Pierre Laffitte, l'élève de prédilection d'Auguste Comte et son successeur comme chef du Positivisme. Il est professeur au Collège de France et dirige la *Revue occidentale, philosophique, sociale et politique.* Il vient chaque année respirer l'air du pays natal. C'est un assidu de nos fêtes du Comice, où il n'a que des amis, et nous nous souvenons d'une de ses causeries, toujours spirituelles et pleines d'enseignement, où il disait : « Oui, Messieurs, je suis de Béguey et je m'en fais gloire! d'un pays qui a donné à la France et à la Gaule le coq pour son symbole; car, quel est le pays assez abandonné des dieux et des hommes, pour ne pas savoir que *béguey* veut dire *coq* en gascon, cette belle langue que Montesquieu, Henri IV et Montaigne parlaient si bien; le coq, qui est aussi le symbole de la vaillance, comme de la galanterie... »

Nous traversons rapidement le bourg; un coup d'œil à son église romane, dont le clocher est svelte et élancé, et des vignobles, partout des vignobles...

RIONS. — 1,257 hab. — 1,066 hect. — 97 mètres d'altitude. — 33 kil. au S.-S.-E. de Bordeaux; 4 kil. 1/2 au N.-N.-E. de Cadillac. — Principaux villages : Bacquey, Bouit, Larchey, Pujols, le Broussey, Thibaut, la Mingeonne, Martet, Seyrac et Cardonne. — ✉, ☩. — *Vins rouges* sont classés parmi les très bons vins d'ordinaine; prix de primeur : 400 à 650 francs. *Vins blancs* très recherchés; prix de primeur : 450 à 650 francs.

Principaux crus : En côtes : Château Jourdan, Château de Mony, Château de Caïla, Martet, Salin, le Broussey, Bacquey, Broustarel, Monlun, Couvent, Bouit, Thibaut, Chaulet, Rulleau, Espinglet, Beauséjour, Mallet; en palus : Château Lagrange, île Marguerite.

Une ville fortifiée, des tours crénelées? — Oui, c'est Rions, jadis, comme Cadillac, une des huit filleules de Bordeaux. Son histoire est très curieuse, et à maintes reprises, Rions se défendit vaillamment contre les envahisseurs. On y respire un parfum d'antiquité; tout garde ici l'empreinte d'un passé glorieux : c'est une véritable moisson de souvenirs. Enceinte murale construite en 1304 et beau donjon restauré en 1881 par M. L. Drouyn, architecte, sous l'administration de M. F. Cardez. Porte du Lhyan. Église Saint-Seurin du XIIe et du XIIIe siècle. Tombes gallo-romaines.

La Garonne forme près de Rions plusieurs îles couvertes de prairies et de vignobles. Il y a, dans Rions, des carrières de moellons offrant des éléments aux études paléontologiques. Petite ville très commerçante. Expédie petits pois et fruits. Fabriques de poteries, de sabots, de cercles et de barriques. Halle, et port commode très animé.

Le château de Mony fut la résidence du délicat poète Jules de Gères (Rafaël Ermini), qui est « un maître », ainsi que le disait Sainte-Beuve à M. R. Dezeimeris, qui l'a rappelé sur sa tombe.

Toujours des vignobles, encore des vignobles, et nous voilà à Paillet.

PAILLET. — 954 hab. — 248 hect. — 92 mètres d'altitude à l'extrémité nord. — 30 kil. au S.-S.-E. de Bordeaux; 6 kil. au N.-N.-O. de Cadillac. — Principaux villages :

Lasserre, Poulet et le Port. L'île de Raymond fait partie de cette commune. — ✉, ☥ : Rions. — *Vins rouges* bons ordinaires, bien colorés, nourris, agréables au goût; prix de primeur : 400 à 700 francs. *Vins blancs* fins, alcoolisés et parfumés; prix de primeur : 450 à 650 francs.

Principaux crus : Château de Paillet, Marquet, Sainte-Catherine, Lasserre, Guiraude, Tolètte, Gageau.

Après avoir passé à Montagnet, où la route est encaissée et où, dit-on, il y avait jadis, comme en Calabre, un repaire de brigands, la petite place Gambetta se montre à nous avec sa mairie, ses écoles, sa halle. Nous traversons le pont de Clément V qui franchit le ruisseau le Laubès. A droite, se trouve l'église, de style roman, dont l'abside est du XIIe siècle et qui contient deux statues en pierre du XIVe siècle. Chapelle très ancienne au village de Sainte-Catherine.

Au village de Poulet, la source de Darlan alimente un lavoir et approvisionne tous les habitants du village.

Château de Paillet du XIIe et du XIIIe siècle.

LESTIAC. — 550 hab. — 298 hect. — 92 mètres d'altitude sur le premier coteau à l'est du bourg. — 28 kil. au S.-S.-E. de Bordeaux; 7 kil. 1/2 au N.-O. de Cadillac. — Principaux villages : Mauvert, le Tarrey, Bonnasteyre, Jipon, Lampon et Laprade où se trouve le port. — ✉, ☥ : Langoiran. — *Vins rouges* couverts, neutres et très propres aux opérations; prix de primeur : 400 à 650 francs. *Vins blancs* analogues aux vins blancs ordinaires de Langoiran; prix de primeur : 400 à 550 francs.

Principaux crus : Domaine de Capellanie, Bellegarde, Tarrey, Bonnasteyre, Jipon, Lampon, Coulonges.

L'église possède une abside romane très remarquable.

LANGOIRAN. — 1,894 hab. — 1,008 hect. — 92 mètres d'altitude. — 26 kil. au S.-S.-E. de Bordeaux; 12 kil. au N.-N.-O. de Cadillac. — Pont métallique. — ✉, ☥. — *Vins rouges des côtes,* prix de primeur : 500 à 750 francs. *Vins rouges de palus,* tendres, coulants, vite buvables et recherchés pour la cargaison ou pour la consommation parisienne; prix de primeur : 450 à 650 francs. *Vins blancs* fins, parfumés et quelquefois liquoreux, vendus dans les crus ordinaires 500 à 650 francs, et dans les premiers crus de la commune, 550 à 750 francs, selon les années et les crus.

Principaux crus : En côtes : Château Richefort, Château Biac, Château Lapeyruche, Château Faubernet, Château Laurétan, Château du Vallier, Château Pomarède, Château Barreyre, Château Gourran, Sauvage Belso, Tanesse, Bellevue, Crassat Moutin, la Tour Maudan, Terrasson, la Ligassonne, Martin-Douat, Marche-Carrat, Patelet, Chauvin, Bédat, Crassat; en côtes et en palus : Château Lataste, Château Gardera, Château de Langoiran, Galleteau, Bertaut, Gareyne, de Falerne.

Avant d'entrer à Langoiran, la route se rapproche du fleuve, l'horizon s'élargit et le pont apparaît.

Langoiran possède de belles ruines d'un château du XIVe siècle et de la Renaissance (monument historique de première classe), qui fut plusieurs fois assiégé pendant la période anglaise et souffrit beaucoup des guerres du duc d'Épernon. Patinées par le temps, ces murailles ont revêtu des colorations puissantes et harmonieuses, et les murs en partie écroulés, les tours démantelées ont pris sous la végétation envahissante « l'intense poésie du délabrement ».

Au-dessous du château, dans un champ qui fut le jardin, est une fontaine incrustante qui a produit à la longue un curieux amas calcaire, présentant l'image d'un énorme champignon ou de certain monument druidique.

Nous traversons la ville, qui n'est en réalité qu'une rue. Un coup d'œil sur le port, et voici la place Berquin avec sa halle au marché qui se tient tous les dimanches.

Tout près, est une église romane remarquable, construite par l'architecte Paul Abadie.

Au Haut-Langoiran, il existe encore une magnifique église romane du XVe siècle. L'abside, rebâtie au XVIe siècle, peut être regardée comme une merveille de l'art religieux dans la Gironde. Moulin de Labatut (XIVe siècle). Langoiran possède un service d'eaux très confortable. Carrières de pierres et sources pétrifiantes, dans le domaine de la Peyruche. Langoiran possède des chantiers de construction et de réparation pour la batellerie. Les *gabares*, les *couraus*, les *yoles* (petites barques) sont les bateaux-types en usage dans la contrée.

Nous sommes arrivés à la limite du canton.

Nous allons quitter les rives de la Garonne pour pénétrer au cœur du pays en suivant la vallée du Tourne. Ici, la nature change d'aspect : elle n'est plus riante, ouverte, pleine de clarté et de vie, mais elle devient plus sombre, plus sauvage, et revêt un caractère plus personnel. La route serpente entre des collines peu élevées, mais abruptes et boisées, et, dans le fond, le ruisseau murmure ou fait entendre, par instants, des bruits de cascade. Vallée déserte et silencieuse. Ce calme repose, après avoir traversé ces petites villes riveraines, qui sont grandes si on les juge par leur animation, leur bruit, leur activité. Des chênes et quelques bouquets de pins agrémentent les collines couronnées parfois d'un château. Nous laissons la route de Targon à gauche, et nous approchons de Capian. Un coup d'œil en arrière : des collines forment une sorte de cirque limitant l'horizon, et les bois touffus, les vignes, les prairies sont coupés, par places, par des rangées de peupliers, fiers, droits, qui indiquent nettement la ligne des chemins et des ruisseaux.

Puis, la pointe d'un clocher émerge d'un mamelon : c'est Capian.

CAPIAN. — 643 hab. — 1,822 hect. — 98 mètres d'altitude au lieu de Cherpin. — 30 kil. au S.-S.-E. de Bordeaux; 11 kil. au N. de Cadillac. — Principaux villages: le Rey, Monnerie, Castaing et le Bourg. — ✉, ⚐ : Langoiran. *Vins rouges* constituant de très bons vins ordinaires et se vendant, en primeur, de 450 à 750 francs. *Vins blancs* produits du côté S.-O. obtiennent généralement les mêmes prix que les vins rouges; ceux du N.-O. se vendent 450 à 550 francs logés.

Principaux crus : Château Suau, Château Ramondon, Château Grand-Brannet, Château Peyrat, Château Moueys, Château Galteau, Château de Gours, Château Couteau, Sainte-Anne, Laville, Haut-Marin, Le Prieuré, Potiron, Rey, Maquet, Castaing, Lachaise, German.

Le clocher gothique est très élégant, et un perron à balustrade ajourée conduit au porche. Il rappelle ce temps où les églises étaient un peu des monuments de vanité : on cherchait à faire plus beau et plus riche que la commune voisine.

La commune de Capian est la plus étendue du canton, et à la culture de la vigne s'ajoute ici la culture des céréales.

VILLENAVE-DE-RIONS. — 247 hab. — 256 hect. — 32 kil. au S.-S.-E. de Bordeaux ; 7 kil. au N. de Cadillac. — ✉, ⚚ : Langoiran. — *Vins rouges* corsés et colorés, bons ordinaires ; prix de primeur : 450 à 675 francs. *Vins blancs* sont vendus à peu près comme les bons crus de Cadillac.

Principaux crus : Château Fauché, Château Lezongars, Ricaud, Guillory, Mathiot, Saurou, Roques, Darlan, Cazères, Campot, Darmagnac, Deyma.

Nous faisons un crochet et, en quelques minutes, nous voici à Villenave-de-Rions, dont l'humble petite église romane semble vouloir cacher sa pauvreté.

En face, sur le coteau voisin, l'église de Cardan, isolée. Au fond de la vallée, coule le Laubès, tout petit, minuscule, mais suffisant pour entretenir un peu de fraîcheur. Le vallon est couvert de parcelles de vignes labourées en divers sens ; quelques bois et, près du bourg de Cardan, quelques bouquets de pins. Vers le sud, la vallée s'ouvre et laisse apercevoir un coin d'horizon.

CARDAN. — 245 hab. — 425 hect. — 91 mètres d'altitude au bourg. — 35 kil. au S.-S.-E de Bordeaux ; 5 kil. au N. de Cadillac. — Principaux villages : Mouleyre, Amanieu, le Vic. — ✉, ⚚ : Rions. — *Vins rouges* ordinaires, très colorés ; prix de primeur : 400 à 600 francs.

Principaux crus : Domaine du Pin, Damanieu, Foucaud, Mouleyre, Peyraney, Augey, Bibey, Lamarque, le Vic.

Le clocher de Cardan surpasse en simplicité celui de Villenave : c'est un mur de façade surélevé et percé de deux ouvertures. Dans l'une, se balance la cloche ; cette partie, plus mutilée que sa voisine, a été consolidée, maintenue par une armature en fer et renforcée aux angles par des cornières. Ce clocher, ainsi, a noble figure : il rappelle ces vieux guerriers couverts de blessures glorieuses, le front ceint d'un bandeau, le bras en écharpe, mais toujours debout, quand même !

Le portique est curieux. Si l'on examine de près les ornements et les statuettes, il semble que l'artiste ait voulu mettre là tout son talent, toutes ses connaissances, et cette profusion d'ornements sur le cintre : entrelacs, oves, dents, boucles, baguettes, tresses, besants, produit sinon l'unité, du moins une richesse naïve. Et l'attitude de certains personnages montre que si l'artiste n'a pas étudié son art aux Écoles de Grèce ou de Rome, du moins il a fait œuvre de sincérité et de foi. Enfin, ces ornements et ces figures représentent, comme à Loupiac ou à Sainte-Croix-du-Mont, une idée, une scène bien déterminée, mais naïvement interprétée, et où le hasard de l'arrangement n'entre pour rien. Ici, c'est l'histoire du Christ ; là, l'histoire de la Vierge ; ailleurs, les Vices ou les Vertus, images parfois grotesques, souvent informes, sans anatomie, rigides. Les statues des voussures, celles du linteau tout aussi bien que celles des chapiteaux, concourent à l'action.

Nous regagnons le bourg, qui est assez éloigné de l'église et qui possède une ancienne chapelle.

Nous passons devant le château Caïla et le château Jourdan. A gauche, à quelques kilomètres, l'église du Broussey et son couvent célèbre.

Mais voici un tournant brusque qui découvre la vallée de Cadillac, que nous connaissons déjà. Nous descendons la côte de Reynon, laissant à gauche le château Birot, à droite le château de Peyrat, et nous rentrons à Cadillac par les bords du ruisseau de l'Euille, qui présente à Saillan, au Moulin-Neuf et aux Capots, plusieurs sites très pittoresques.

Notre seconde excursion nous permet de traverser le quartier des Capucins (qu'on pourrait appeler la ville haute), qui s'agrandit et s'embellit chaque jour. Nous passons devant l'ancien couvent des Capucins, sur une place ombragée de platanes; devant une ancienne porte du parc du château, mutilée, mais qui a conservé son caractère architectural; puis, devant le magnifique bâtiment de l'École d'agriculture, et nous voilà à Gaillardon, gentil faubourg de Cadillac. La route est bordée de vignes; sur les coteaux voisins, des vignes, toujours et partout de superbes vignes. Voici la propriété de l'Asile des aliénés, merveilleusement tenue; puis apparaît l'église Saint-Jean de Laroque, dont l'abside romane est intéressante. A droite et à gauche, deux beaux châteaux de styles différents (Château de Laroque et Château Schœmans).

LAROQUE.— 199 hab. — 297 hect. — 104 mètres d'altitude. — 39 kil. au S.-E. de Bordeaux; 3 kil. au N.-N.-E. de Cadillac. — ✉, ☥ : Cadillac. — *Vins rouges* bons ordinaires; prix de primeur : 400 à 700 francs. *Vins blancs* fins et parfumés, analogues à ceux de Rions et de Cadillac.

Principaux crus: Domaine de la Salle, Château Peller, Château Rolland, Château de la Roque, Mondon, Rouchet, Mingot, Lapradias.

Dans la vallée de l'Euille est la Basse-Roque dans un décor magnifique; un pont rustique franchit le ruisseau qui bondit en cascade, et des arbres forment, en s'enlaçant sur son cours, une voûte élevée, flottante, capricieuse.

Il y a dans le Château Rolland une source importante, et dans la vallée de l'Euille, diverses sources pétrifiantes et des carrières. Plusieurs moulins sont actionnés par le ruisseau.

La route monte, descend, serpente entre les collines couvertes de vignobles et d'arbres fruitiers jusqu'au Bizoc, où le pays devient boisé.

A gauche, un petit pont construit sur le ruisseau de l'Euille indique le chemin qui conduit au Broussey (ancien couvent de Carmes) et à Cardan.

Nous sommes ici à la limite du canton; mais nous nous permettrons de la franchir un instant pour jeter un coup d'œil sur le château de Benauge, célèbre dans toute la contrée. Bâti à la fin du XIIe siècle, reconstruit vers 1480, il fut remanié au XVIIe siècle. Il est placé au centre d'un parc immense clôturé par un mur en ruines. Il ne reste de la porte d'entrée du parc que deux murs informes envahis par le lierre et les végétations. Il est encore en bon état de conservation, et on dit que la comtesse qui l'habitait faisait peser sur le pays le poids de son autorité tyrannique. Elle avait réquisitionné tous les gens d'alentour, jusqu'à Rauzan même, pour construire le mur de son parc, qui se développe sur plusieurs milliers de mètres, et elle les payait d'un croustillon de pain et d'une gousse d'ail. Dans le château, on remarque des oubliettes qui, dit-on, ne chômèrent pas.

Nous revenons au Bizoc, et avant de quitter Omet,

OMET. — 238 hab. — 262 hect. — 94 mètres d'altitude près de l'église. — 41 kil. au S.-S.-E. de Bordeaux; 4 kil. au N.-N.-E de Cadillac. — ✉, ⚲ : Cadillac. — *Vins rouges et blancs* supérieurs à ceux de Donzac. Les vins blancs des coteaux obtiennent de 350 à 450 francs.

Principaux crus : La Bertrande, Maurisset, Poncet, Moulin, Boudeur, Bizoc.

traversons le village de Maurisset, qui, avec le Bizoc, Bourdon, la Bertrande, Poncet et le Boudeur, constituent toute la commune, morcelée comme Laroque. Pêches et pommes en quantité.

DONZAC. — 171 hab. — 441 hect. — 93 mètres d'altitude. — 42 kil. au S.-S.-E. de Bordeaux; 5 kil. 1/2 à l'E.-N.-E. de Cadillac; 1 kil. au château de Benauge. — Principaux villages: la Vialle, le grand Village et Charles. — ✉, ⚲ : Cadillac. — *Vins rouges* ordinaires; prix de primeur: 400 à 650 francs. *Vins blancs* de cépages fins, mêmes prix que le vin rouge; d'enrageat, prix de primeur : 300 à 400 francs.

Principaux crus: Pillet, la Vialle, Barbot, Prend's-y-garde, Crâne.

A gauche, le château de Benauge qui se dresse fier et hautain sur son éminence; à droite, le château Ricaud avec ses tourelles aux pignons pointus et ses tours crénelées.

Au village de la Martingue, nous faisons un crochet pour visiter

MONPRIMBLANC. — 375 hab. — 496 hect. — 97 mètres d'altitude près de l'église. — 42 kil. au S.-S.-E. de Bordeaux; 5 kil. au S.-E. de Cadillac. — Principaux villages : Armagnac, Capet, Naudin, la Martingue, le Ballot. — ✉ et ⚲ : Cadillac. — *Vins rouges* ordinaires; prix de primeur : 450 à 650 francs. *Vins blancs* se rapprochant, dans certains crus, des vins ordinaires de Loupiac; prix de primeur : 400 à 650 francs.

Principaux crus : Bourdieu, Bédat, la Caillotte, Pezelin, Capet, la Reuille, Ligueboy, Boucher, Ballot, Barrail, la Martingue, Ramounichot, la Burthe, Naudin, Darmagnac, Teste.

Quelques trouées font soupçonner la vallée de la Garonne, et à Peytoupin, un poteau du Touring-Club de France nous indique :

Cyclistes, attention !
Descente rapide. — Tournant brusque!

Le tournant est brusque, en effet; mais aussi quelle surprise il nous ménageait! A droite, un magnifique pin solitaire émerge des vignes, couronne le coteau, domine Cadillac et toute la vallée : il ajoute au tableau la saveur d'un coin de Provence.

Notre troisième excursion sera courte, mais particulièrement intéressante. Nous passons sous la tour de l'Horloge, qui nous indique l'heure de notre départ. Cent mètres plus loin, c'est l'Asile, dont nous longeons le mur de clôture, puis nous traversons les quartiers de Saint-Martin et de Lamothe, et nous voici à Loupiac.

LOUPIAC. — 1,046 hab. — 957 hect. — 75 mètres d'altitude sur les coteaux au S. du bourg. — 40 kil. au S.-S.-E. de Bordeaux; 2 kil. au S.-S.-E. de Cadillac. — ✉ et ⚡ : Cadillac. — Principaux villages : Berthomieu, Jean Faux, Violle, le Plapa et Pitcha. — *Vins rouges* bons ordinaires; prix de primeur : 400 à 700 francs. *Vins blancs* fins et agréables, se rapprochant, dans les vignobles situés sur les coteaux bien exposés, des vins de Sainte-Croix-du-Mont; prix de primeur : de 700 à 900 francs, pour les premiers crus de la commune, qui obtiennent au bout d'un an jusqu'à 1,100 et 1,200 francs; de 500 à 700 francs pour les crus ordinaires.

Principaux crus : Château du Cros, Château Loupiac-Gaudiet, Château de Ricaud, Château Berthomieu, Château Lépine, Rondillon, la Yotte, Pontac, la Nère, Couloumet, Clos-Jean, Chay, Andron, Hourtoye, Lambrot, Montalier, Mouliot, Violle, Giron, Temple, Guinot, Chichoye, Rouquette, Noble, Roumeau, Jean Faux, Miqueu, Rolby, Pitcha.

L'église de Loupiac, assise sur une petite éminence, est une des plus belles du XIIe siècle qui soient dans la Gironde. C'est en copiant sa charmante façade que Leo Drouyn prit goût à l'archéologie, et ce fut pour lui le point de départ d'études sérieuses qui lui permirent de faire des recherches savantes. Clocher jadis fortifié.

Dans le village du Plapa, M. R. Dezeimeris pense avoir découvert l'emplacement de la villa gallo-romaine qu'habita le poète Ausone (309-394), sa *villula* qu'il a chantée. Il fut le précepteur de l'empereur Gratien. « *O Patria, insignem Baccho,* » ainsi s'exprimait Ausone évoquant le souvenir de Bordeaux, sa patrie.

Tout près de l'église est le château de Loupiac-Gaudiet, avec sa belle allée de platanes, ses pelouses et les superbes vignobles qui l'entourent.

Puis, la route traverse le ruisseau le Mouliot, et nous voilà au Pitcha, puis à Violle où est établie une cale inclinée et engravée soutenue par une risberne en enrochements. Ici, la rivière tourne, et, sur ses rives, un bouquet d'ormeaux fait de ce petit port un coin ravissant.

La colline du Cros domine la route, et le château, assis sur un rocher creusé de grottes, offre un aspect réellement imposant.

Sources à Roche et au Plapa.

La route longe une chaîne de collines couronnées de rochers plus ou moins boisés, au versant couvert de vignobles. Enfin apparaît, sur un coteau planté de vignes, le château de Sainte-Croix-du-Mont (château de Taste), avec ses tours crénelées, ses murailles, ses tourelles émergeant d'un bouquet de verdure. Derrière, c'est l'église, haut perchée, dont le clocher délicat complète la silhouette de ce groupe.

SAINTE-CROIX-DU-MONT. — 979 hab. — 898 hect. — 115 mètres d'altitude. — 43 kil. au S.-S.-E. de Bordeaux; 5 kil. au S.-S.-E. de Cadillac. — ✉ : Verdelais; ☎ : Langon (par téléphone). — Principaux villages : Damanieu, Monnet et Peyrat. La commune comprend 1 hect. dans l'île des Carots. — *Vins rouges* de côtes et de palus ordinaires; prix de primeur : 450 à 650 francs. Un choix bien étudié des cépages fait obtenir à quelques propriétaires un prix plus élevé. *Vins blancs* gras, liquoreux et fins, excellents vins d'entremets, qui ont un bouquet tout particulier et très agréable; prix de primeur : 700 à 1,000 francs, qui s'est élevé jusqu'à 1,500 francs pour les premiers crus de la commune dans les années exceptionnellement bien réussies.

Principaux crus : Château Lamarque, Château Loubens, Château de Taste, Château Lafue, Château Bertramon, Château Coullat, Château Lamat, Château Terfort, Cros de Verteuil, Pavillon, Desclaud, Hongrand, la Rame, Peyrat, Larden, Castagneyre, Roustit, Crabitant, Vilate, Ménicle, Jean Lamat, Monet, Médoue, Labat, Lacoste, Damanieu, Sorbier, Larrivat, Pascaud, Moulin.

Gravissons la côte du Peyrat. A mi-chemin, jaillit une source. A gauche, quelques maisons rustiques et le village de Larrivat, à moitié caché par un rideau d'arbres et par des treilles.

Qui a vu les vignes de Sainte-Croix-du-Mont, connaît ce qu'il y a de plus achevé dans cette culture. C'est, dit un ouvrage classique de viticulture, le jardin viticole de la France.

Bancs d'huîtres fossiles sur la côte, au milieu des rochers et dans le domaine de Loubens. Il y a dans ce domaine une grotte où le cardinal de Richelieu aurait célébré la sainte messe en présence de Louis XIII. Ce château a une origine fort ancienne : à la fin du XVIe siècle, il appartenait à Pierre de Lancre.

Après avoir visité le Haut-Sainte-Croix, après avoir jeté un coup d'œil sur le curieux portique de l'église, nous pourrions revenir par la Nère, d'où l'on jouit d'un superbe panorama, mais il nous faut visiter Gabarnac.

GABARNAC. — 384 hab. — 538 hect. — 81 mètres d'altitude près de l'église et 124 mètres près le Goutey. — 42 kil. au S.-S.-E. de Bordeaux; 4 kil. au S.-S.-E. de Cadillac. — ✉ et ☎ : Cadillac. — Principaux villages : le Haut, Lamothe, la Croix, bourg très petit. — *Vins rouges* ordinaires; prix de primeur : 400 à 650 francs. *Vins blancs* rivalisant avec les vins ordinaires de Loupiac.

Principaux crus : Château Faugas, Grenouillou, Lapeyrère, Balland, Laffitte, Bisdounet, chalet Mourlane, Martet, Labatut, Labeyrie, Fiates, Goutey, Lacabane, Mathelot, Lacroix, Bonneau, Haut-Duprat, Peybrun, Berm, Chante l'Oiseau, Berbec, Fourneau, Borneaud, Lamothe.

Pêches et pommes.

Gabarnac possède le château de Faugas, entouré d'un magnifique jardin produisant des chasselas très renommés. La Garenne au milieu de laquelle se trouve cet antique manoir est l'une des plus belles du pays de l'Entre-deux-Mers.

A droite, se dresse l'église de Monprimblanc et, plus loin, des coteaux de Loupiac, dont la pente, merveilleusement exposée, est couverte de vignobles cultivés avec beaucoup de soin : c'est Bourdieu, le Noble, Rondillon, Massac, Pontac, Couloumet, Berthomieu, Clos-Jean, qui produisent des vins supérieurs.

Nous avons terminé cette promenade dans le canton de Cadillac, au milieu des coteaux couverts de pampres et parmi des villes ou des villages débordant d'activité. Les études qui suivent vont nous faire assister aux longs efforts d'où est sortie toute cette richesse, et l'on comprendra que le canton mérite, pour sa part, l'éloge que le Dr Guyot faisait de la Gironde :

« La Gironde est depuis longtemps le premier département viticole de la France, moins encore pour l'étendue de ses vignobles que pour la variété et la perfection de ses cultures, pour la bonne confection de ses vins, pour leurs caractères et leurs qualités remarquables, pour les bas prix de leurs qualités inférieures, et la valeur énorme de leurs qualités supérieures, enfin pour le vaste commerce de ses vins à l'intérieur et à l'extérieur de la France. »

R. SOULIER,
Secrétaire du Comice.

LE CANTON AU POINT DE VUE ÉCONOMIQUE

AVANT ET APRÈS LE PHYLLOXERA

APERÇU RÉTROSPECTIF

Les coteaux argilo-calcaires du canton de Cadillac, orientés au midi, à quelques mètres du fleuve, furent, depuis plusieurs siècles, plantés en vignes. Le 18 frimaire an X, la seule commune de Rions comptait 1,450 journaux (475 hectares environ) en vignobles, produisant 1,200 tonneaux de vin (10,800 hectolitres).

Depuis fort longtemps la vigne a donc été la plus importante source de revenus des propriétaires fonciers du canton, et c'est à la prospérité plus ou moins grande de sa culture qu'est lié le bien-être matériel des habitants.

Cette propriété viticole a subi des fluctuations nombreuses pendant les cinquante dernières années.

De 1852 à 1856, l'oïdium fit traverser à la viticulture une crise redoutable, dont elle sortit victorieuse grâce à l'emploi du soufre.

Mais la crise phylloxérique qui éclata en 1875 fut autrement terrible; elle eut pour conséquences l'anéantissement presque complet des vieilles vignes françaises et la ruine de la majorité des viticulteurs, qui parurent à ce moment être à jamais découragés de la culture de la vigne.

C'est dans ces conjonctures que fut créé le Comice de Cadillac.

Résolument, les hommes dévoués placés à la tête de cette Association entreprirent de relever les courages abattus et de reconstituer les vignes détruites. Ils osèrent affirmer, à un moment où personne n'espérait plus, que non seulement il serait possible de refaire en entier l'ancien vignoble du canton de Cadillac, mais encore que le vignoble futur serait à bref délai plus étendu, plus beau, plus productif que l'ancien, et que le bien-être de la population serait augmenté.

Cette affirmation était-elle autre chose qu'un hardi paradoxe?

Les résultats sont-ils venus la confirmer?

C'est ce que nous allons rapidement examiner en envisageant le canton à trois époques différentes :

1° Avant le phylloxera, en 1875;

2° Après l'apparition du phylloxera et du mildiou (1880-1892);

3° Après la reconstitution (1893-1900).

I

AVANT LE PHYLLOXERA

Cépages.

CÉPAGES ROUGES. — Les cépages rouges communément plantés étaient :

Le *Malbec*, appelé aussi *Parde, Teinturier, Mauzat, Guillan,* etc., existait dans les vignobles dans la proportion des deux tiers. Maturation hâtive et rapide. Vin délicat et coloré, mais un peu mou. Cépage très coulard.

Le *Merlot* ou *Bigney*, cultivé surtout dans les palus. Couleur moindre que celle du *Malbec*. Vin séveux et parfumé.

Le *Grapput* ou *Bouchalès*, cépage peu coulard, mais raisins souvent grillés par le soleil au midi. Maturation défectueuse. Vin commun peu coloré.

L'*Enrageat rouge* ou *Folle noire*, cépage très productif, donnant un vin très commun.

Le *Mancin*, non sujet à la pourriture comme le précédent, et donnant un vin un peu coloré.

Le *Béquignol* ou *Fer*, cépage très productif, mais mûrissant mal. Vin à goût de terroir.

Le *Verdot* ou *Verdit*, vin dur et vert s'améliorant en vieillissant. Cépage sujet à l'oïdium.

Le *Panereuilh* ou *Bois droit*, raisins pouvant se conserver longtemps pour la table, mais vin ordinaire.

Enfin les cépages suivants, plus ou moins communs, existaient dans les vignobles dans des proportions variables :

Jurançon ou *Arribet*, *Moustouzère*, *Mourtaou*, *Picard*, etc.

CÉPAGES BLANCS. — La gamme des cépages blancs était aussi variée que celle des rouges :

Le *Sémillon*, qui offre deux variétés : le *gros* et le *petit*, produisant beaucoup toutes deux. Vin limpide, fin et moelleux.

Le *Sauvignon*, moitié moins productif que le précédent. Vin corsé et aromatisé; donne un ensemble exquis lorsqu'il est mélangé au vin de *Sémillon*.

La *Muscadelle*, cépage craignant beaucoup l'oïdium. Vin très parfumé.

Le *Blanc-Auba*, peu productif, mais vin assez agréable.

L'*Enrageat* ou *Folle blanche*, très productif, constituant souvent à lui seul des vignobles entiers. Vin acide.

La *Pellegarie*, vin plat et commun. Débourrage précoce, exposant ce cépage aux gelées printanières.

Le *Jurançon*, cépage productif. Vin faible.

Le *Blanc-Verdet*, raisins longs à mûrir.

La *Chalosse*, vin commun.

Le *Mauzac*, le *Mancin blanc*, etc.

Plantations.

Les plantations de vignes françaises se faisaient de la façon la plus rudimentaire à *joualles* ou en *plein*.

Le sol était labouré profondément à la charrue, puis les boutures, longues de 0m50 à 0m60, étaient enfoncées en terre dans un trou fait au moyen d'une barre; plus rarement, ce trou était fait à la bêche avec maigre apport de terreau.

La terre était ensuite fortement tassée à la base de chaque plant au moyen d'un bâton, opération appelée « caucage ».

Peu de précautions étaient prises pour tracer les *règes* en ligne droite. Souvent celles-ci suivaient les sinuosités du sillon tracés par la charrue.

Parfois les rangs de vigne étaient accouplés par deux, avec un espace de 0m80 ou 1 mètre seulement entre eux. La raison de cette disposition était diversement interprétée; certains vignerons prétendaient que ces deux règes accouplées se préservaient mutuellement des intempéries.

La joualle, ou espace qui séparait deux règes simples ou doubles, variait de 4 à 12 mètres et était consacrée à la culture des plantes fourragères ou des céréales.

Quelquefois les arbres fruitiers, plantés en grand nombre, transformaient le vignoble, au bout d'un certain nombre d'années, en un véritable verger.

Les vignes étaient plantées en *plein* ou *à tire* (expression locale) dans les endroits difficilement accessibles aux animaux, et, aussi, dans les terrains maigres, où les autres cultures n'étaient pas jugées rémunératrices. Dans ce cas, les ceps étaient habituellement espacés de 1 mètre en tous sens, et le sol était entièrement travaillé à la bêche.

Taille.

La taille partout adoptée était la taille en *gobelet*. Chaque cep portait un nombre indéterminé de bras ayant un cot à leur extrémité, une ou plusieurs hastes laissées au hasard du sécateur.

D'ailleurs, aucune règle absolue, absence complète de méthode. Tel propriétaire tenait ses vignes au ras du sol, tel autre les élevait très haut.

Chaque haste était attachée à un support de longueur variable, mais toujours exagérée. Ce support, appelé « échalas » ou « carrassonne », était en bois d'acacia, de châtaignier, de pin, d'aubier, etc. Il fallait en refaire la pointe presque tous les ans et les remplacer au bout de peu d'années; parfois, il est vrai, cette durée était prolongée lorsque les échalas, plantés verts et non pelés, prenaient racine. Dans ce dernier cas, le vignoble avait au printemps des aspects d'oseraie et le sol répartissait équitablement ses sucs nourriciers entre les ceps de vigne et leurs tuteurs.

Quelques viticulteurs tendaient un fil de fer ou deux à chaque rège afin de faciliter l'attachage des hastes et l'accolement des rameaux. Mais c'était l'exception.

Enfin, certains cépages à port érigé, comme l'*enrageat*, étaient abandonnés à eux-mêmes sans supports.

Culture.

Trois façons étaient habituellement faites: une en mars pour le déchaussage, l'autre en mai pour rechausser la vigne; ces deux opérations s'appelaient respectivement *usir* et *majesquer*. La troisième qu'on nommait *cauler* était faite en hiver pour relever les terres en creusant des rigoles entre les rangs.

Quelquefois une quatrième façon, qu'on appelait *tiercer*, était effectuée dans le courant de l'été; la terre était retournée sur place dans le but de détruire l'herbe. Ce résultat n'était pas toujours obtenu, et les vignobles étaient souvent envahis par les mauvaises herbes, notamment le chiendent.

Dans les vignes en plein et dans les joualles à règes doubles, le travail à la bêche était considérable. Pour les règes simples même, le vigneron devait remuer une grande quantité de terre en raison des bras multiples qui s'étendaient en tous sens, empêchant la charrue de s'approcher des ceps.

Outillage.

Les outils du vigneron étaient lourds et incommodes. Dans les terrains légers, on faisait usage de charrues en bois, fabriquées par des spécialistes, appelées *araillayres*.

Tailles en vert.

Les tailles en vert étaient peu soignées.

L'*ébourgeonnement* ou épamprage était pratiqué très partiellement par le vigneron, qui évitait de supprimer sur le tronc même les pampres portant des grappes ou « mannes ».

Le *rognage* n'était jamais exécuté; ce qui donnait aux vignes, à la fin de l'été, un aspect buissonnant et désordonné.

L'*incision annulaire*, le *pincement*, étaient des opérations inconnues.

Les ceps morts étaient remplacés au moyen de marcottes. Dans les vignes vigoureuses, le propriétaire faisait encore une marcotte ou « pisse-vin » entre chaque cep, dans le but d'augmenter le rendement.

Les vignes étaient rarement fumées directement. Elles bénéficiaient comme elles pouvaient du fumier de ferme apporté dans les joualles pour les cultures intercalaires.

Des transports de terre ou « terrages » étaient effectués à de longs intervalles. Terrages

En dehors de l'oïdium, les viticulteurs ne redoutaient aucune maladie cryptogamique. Quant aux insectes, ils étaient peu nuisibles. Il n'y avait à craindre que les ravages des escargots. Maladies.

Mais les ennemis véritablement dangereux étaient les agents atmosphériques : gelée, grêle, etc., et la coulure.

En résumé, avant le phylloxera, lorsque l'on plantait, même avec peu de soins, une bouture de cépage français, on était à peu près sûr d'obtenir un pied de vigne. Lorsque l'on voyait une grappe ayant passé fleur, on était presque certain de récolter un raisin sain.

L'installation des celliers et cuviers fut longtemps défectueuse; le viticulteur n'apportait aucune amélioration à un état de choses existant depuis des siècles. Cuviers.

Les locaux où s'effectuaient la vinification étaient souvent mal aérés et d'un accès difficile.

Les vaisseaux vinaires étaient immenses. Les pressoirs notamment occupaient beaucoup de place, constitués qu'ils étaient par d'énormes pièces de bois disposées de façons diverses, offrant dans leur primitif assemblage un ensemble pittoresque mais peu pratique. La pression était obtenue au moyen de grands leviers mus par la force musculaire de cinq ou six hommes ou bien de bêtes de trait, pour lesquels un espace considérable était nécessaire pour évoluer.

Les cuves, pressoirs, comportes et autres vaisseaux vinaires étaient d'une propreté douteuse; le viticulteur ne voyant aucun inconvénient à employer ces divers récipients tels qu'ils avaient été abandonnés l'année précédente. Quelques arrosages, destinés à en assurer l'étanchéité, constituaient une antisepsie jugée suffisante.

Il résultait de ces pratiques des altérations nombreuses dans la qualité des vins : piqûre, moisissure, etc., et des déchets de récolte.

Aussitôt arrivés à maturité, les raisins rouges, mis à la vigne dans les « comportes » ou « bastes », étaient transportés tels dans les cuves. La vendange était enfoncée deux ou trois fois par jour afin d'immerger le chapeau de râpe flottant à la surface. Vendanges.

Comme pour les raisins rouges, le viticulteur cherchait à mettre le plus tôt possible sa vendange blanche à l'abri des intempéries.

Ramassés en deux fois au plus, dès qu'ils étaient mûrs, les raisins étaient portés au pressoir où, après avoir subi un premier foulage avec les pieds, ils étaient disposés sous les lourdes pièces de bois appelées « trappes » qui les écrasaient. Les râpes asséchées servaient à faire des piquettes destinées à la boisson des gens de la ferme.

Vins. Les vins, mis en barriques bordelaises de la contenance de 228 litres, étaient soutirés pour la première fois au mois de mars de l'année suivante.

Rendements. Revenus Les vignes en plein donnaient rarement plus d'une trentaine d'hectolitres à l'hectare. Les vignes à joualles rapportaient parfois beaucoup plus, mais il y a lieu de tenir compte de la superficie considérable occupée par chaque cep. En raison de la taille à gobelet, il y avait beaucoup de coulure dans les années humides.

Les vins rouges étaient plus estimés que les blancs et trouvaient un débouché plus facile. Ils se vendaient de 300 à 400 francs le tonneau, alors que les vins blancs se vendaient moitié moins, sauf toutefois sur les côtes de Loupiac et de Sainte-Croix-du-Mont. En certaines années, comme en 1869, 1870, 1874, les premiers crus de ces communes atteignirent le prix de 1,200 francs le tonneau.

La situation économique étant très favorable, les récoltes trouvaient acheteurs dans les premiers mois qui suivaient la récolte. Les vins étaient habituellement dirigés sur Bordeaux par la voie fluviale au moyen de gabares; en raison du mauvais état de beaucoup de routes, le transport des barriques du chai au bord de la Garonne était souvent une opération longue et laborieuse.

Les travaux des champs étaient exécutés par les propriétaires eux-mêmes, secondés par des domestiques le plus souvent logés et nourris chez le propriétaire. Ces domestiques étaient du pays, nés dans le canton ou les cantons limitrophes.

Les salaires étaient minimes. Un homme dans les conditions ci-dessus gagnait 200 à 300 francs par an, les femmes 0 fr. 50 à 0 fr. 60 par jour. Les journaliers non nourris gagnaient de 1 fr. 75 à 2 fr. 25, les femmes 0 fr. 75 à 1 franc par jour.

Malgré cette modicité des salaires, la rusticité des vieux ceps français peu exigeants pour les façons culturales, et des conditions économiques exceptionnelles, les revenus des propriétaires viticulteurs étaient peu élevés. La raison en était dans les rendements minimes résultant d'une installation défectueuse, laquelle nécessitait d'autre part des frais de bêchage et d'échalassage considérables. Un homme et une femme ne pouvaient guère cultiver que trois hectares de vigne.

Aussi, en dehors des possesseurs de grands domaines ayant des revenus par ailleurs, les propriétaires de vignobles de petite ou moyenne étendue se contentaient-ils des habitations, chais, outillage agricole et viticole que leur avaient transmis leurs ascendants. Toutefois, ayant un véritable amour pour le sol, chacun économisait pour agrandir le plus possible le domaine familial; le prix de la terre oscillait de 5,000 à 10,000 francs

SAINTE-CROIX-DU-MONT

Coteau du Peyrat

l'hectare. Les conditions de l'existence, sans être précaires, étaient très modestes dans les campagnes; on mettait quelquefois la poule au pot le dimanche, mais habituellement c'était la viande du porc élevé dans la propriété qui était, avec le pain et les légumes, la base de l'alimentation.

A Cadillac, se faisaient tous les samedis, jour du marché, l'achat des provisions de ménage; quant aux voyages à Bordeaux — la grande ville — ils étaient très rares.

Le viticulteur ne recevait guère de journaux politiques, encore moins de journaux agricoles. Ses méthodes de culture ne variaient jamais; elles étaient en 1875 ce qu'elles étaient avant 1789. Chaque viticulteur avait ses idées, ses procédés à lui, qu'il croyait être la perfection et qui étaient le plus souvent faux ou puérils.

Aucun lien n'unissant les viticulteurs entre eux, jamais ceux-ci n'échangeaient leurs idées, ni ne se faisaient part mutuellement de leurs méthodes respectives, pour les comparer et les discuter.

A l'école, l'enfant ne recevait aucune notion d'agriculture.

De la sorte, les errements et la routine de plusieurs générations de viticulteurs se transmettaient de père en fils sans varier jamais.

II

APRÈS L'APPARITION DU PHYLLOXERA ET DU MILDIOU.

Effets économiques des maladies.

Les choses en étaient là, lorsque le *phylloxera*, insecte microscopique s'attaquant aux racines de la vigne, fit son apparition dans le canton, en 1875.

Les viticulteurs ne s'alarmèrent point trop tout d'abord de la présence de ce parasite, qui resta quelque temps cantonné dans des foyers isolés.

Bientôt cependant le mal s'étendit; de 1878 à 1881, il fit des progrès rapides, notamment sur les coteaux, dont les vignes furent irrémédiablement perdues à cette date.

Dans les palus, les plaines sablonneuses et les plateaux, les récoltes se maintinrent plus longtemps.

Pour hâter la ruine du vignoble, un autre mal, de nature cryptogamique cette fois, envahit indistinctement toutes les vignes, en 1882. C'était le *mildiou* qui, en quelques semaines, dessécha totalement feuilles et fruits.

Ne connaissant aucun moyen de défense efficace contre cet ennemi, non plus que contre le précédent, les viticulteurs assistèrent impuissants à l'anéantissement de leurs récoltes.

En cette année 1882, des centaines de propriétaires ne recueillirent que la *vingtième partie* du vin que produisaient leurs vignes moins de dix ans auparavant. Et quel vin! un liquide trouble se tournant au bout de peu de temps, presque sans valeur commerciale.

En présence d'un semblable concours de circonstances malheureuses, le découragement s'empara des viticulteurs, dont beaucoup, renonçant à la lutte, convertirent leurs vignobles en prairies, ou, plus communément encore, les laissèrent en friches.

Et alors, pendant plusieurs années, ce fut un lamentable spectacle que l'aspect aride et presque sauvage offert par les coteaux qui s'étendent de Langoiran à Sainte-Croix-du-Mont. Aux rayons brûlants des étés qui naguère avaient distillé sur ces coteaux une liqueur exquise, rôtissaient par larges bandes de maigres herbages, troués çà et là de pointes de rochers.

Dans les plaines et sur les plateaux plus fertiles, les propriétaires du sol cherchèrent un supplément de ressources dans la culture des céréales et des légumes; la culture des petits pois, notamment, prit une réelle importance et permit à beaucoup d'attendre, grâce à elle, des jours meilleurs.

La valeur de la propriété diminua de moitié en quelques années. Malgré les bas prix, les transactions furent rares, personne ne se souciant d'acquérir des terrains au milieu d'une crise dont nul ne prévoyait l'issue.

Beaucoup de petits propriétaires, métayers et domestiques émigrèrent à Bordeaux ou dans d'autres grandes villes pour chercher des emplois dans les Compagnies de transport, tenir des buvettes, restaurants, etc... D'autres allèrent tenter la fortune dans les républiques sud-américaines.

Le bien-être de la population agricole fut diminué, l'argent se fit rare, les paiements devinrent difficiles à obtenir. Le commerce et l'industrie se ressentirent vivement de cet état de choses; les ouvriers du bâtiment, les tonneliers chômaient.

Les enfants furent retirés des écoles payantes. Deux institutions d'enseignement secondaire, fondées depuis longtemps à Cadillac et prospères jusqu'à cette époque, furent obligées de fermer leurs portes, faute d'élèves.

Au sortir de l'école, les enfants furent envoyés en apprentissage, n'importe quel métier paraissant préférable à celui de cultivateur.

Certains viticulteurs essayèrent de lutter contre les ennemis coalisés qui détruisaient leurs vignobles. Tour à tour, ils firent l'essai des multiples produits ou procédés définitifs préconisés contre le phylloxera : insecticides, submersion, etc... Malheureusement, le fléau, un instant enrayé en apparence, continua ses ravages.

On commençait à parler aussi, à ce moment, d'un autre moyen déjà appliqué dans le Midi avec succès, disait-on. C'était la reconstitution par les cépages américains, ceux-ci résistant aux attaques de l'insecte. Mais la liste était longue de ces épages de provenance lointaine, aux noms barbares; lesquels choisir? quels étaient ceux qui résistaient le mieux au phylloxera? quelle était leur adaptation? quels soins particuliers exigeait leur culture?

Autant d'inconnues que les propriétaires, découragés et si souvent déçus, renonçaient à dégager eux-mêmes.

Action du Comice sur la reconstitution des vignobles.

C'est alors qu'une élite de viticulteurs fonda le Comice de Cadillac.

Cette association d'agriculteurs, de paysans, qu'une communauté d'infortune avait réunis, prit aussitôt pour objectif la lutte contre les maladies de la vigne, le développement du progrès en viticulture.

« Pour arriver à ce résultat, dit l'article 30 des Statuts, le Comice centralisera les observations de tous ses membres, observations qui seront ensuite résumées dans un rapport présenté par une Commission spéciale. »

Ces trois lignes énoncent dans leur simplicité la méthode qui a toujours été, depuis sa fondation, la règle du Comice.

Au sein de celui-ci commença alors une ère de travail et d'étude, présidée par des hommes dont la compétence, le dévouement et la ténacité avaient juré de mener à bien l'œuvre entreprise.

Autour du noyau de la première heure vinrent bientôt se grouper par centaines les découragés de la veille, qui déjà reprenaient confiance au contact de ces chefs convaincus. Dans de longues séances, religieusement suivies, ils apprirent à exécuter les différents modes de greffage, à discerner les porte-greffes américains convenant le mieux à leurs terrains respectifs, à discuter l'empirisme, à renouveler tout à la fois leurs vignobles et leurs méthodes culturales.

Et tel est le ressort, l'énergie qui caractérisent le tempérament français que bientôt, les viticulteurs s'étant remis à l'œuvre, on vit défricher çà et là quelques petits carrés de terre qui furent plantés, puis cultivés avec une tendre sollicitude. Ces premiers essais ayant réussi, comme par magie se refit une invasion inverse de celle qui avait désolé la contrée quelques années auparavant: les petits carrés reconstitués firent tache d'huile; ils s'étendirent rapidement en larges bandes; ils s'élancèrent, hardis, tout en haut des coteaux, jusqu'au creux des rochers.

L'émulation entre viticulteurs aidant, la reconstitution devint bientôt générale.

La main-d'œuvre indigène, naguère inoccupée, ne put suffire à tant de besogne. A des compagnies de terrassiers venus pour la plupart d'au delà des monts, fut confié, sous la direction d'ouvriers du pays, le soin de défoncer et niveler le sol des vignobles futurs. En quelques années, ceux-ci recouvraient tout le canton d'une végétation luxuriante.

Entre temps, un savant, M. le professeur Millardet, avait trouvé un remède contre le mildiou. C'était une solution de sulfate de cuivre et de chaux qui fut appelée *bouillie bordelaise*, et dont les premiers essais, faits avec le concours de M. Gayon, professeur de la Faculté des sciences de Bordeaux, montrèrent l'action efficace.

Toutefois, cette bouillie épaisse, tenant des matières solides en suspension, était d'une application difficile. Des centaines d'inventeurs vinrent mettre leurs connaissances et leurs appareils au service de la viticulture.

Ici encore, le Comice intervint. Il établit par des concours une sélection dans la multitude bizarre des pulvérisateurs. La lance des meilleurs de ces derniers devint désormais le palladium de la viticulture.

III

APRÈS LA RECONSTITUTION

Action du Comice sur les progrès de la viticulture.

La période de reconstitution fut définitivement close en 1892; mais l'œuvre du Comice n'était pas terminée.

Successivement il lui fallut étudier et combattre la chlorose, les dépérissements, vulgariser les moyens d'atténuer la coulure, déterminer les règles de la taille, du rognage, du pincement, etc. Puis, lorsque la nature parut enfin s'avouer vaincue par tant d'efforts et donner des récoltes rémunératrices, comme en 1893, les conditions économiques entrèrent en jeu. Un ennemi autrement redoutable que les insectes et les cryptogames, la fraude, fut pendant plusieurs années une cause de mévente presque absolue. Nouvelle lutte à laquelle le Comice prit une large part, nouveau succès.

Enfin, d'au delà l'Océan vint le black rot, précédé d'une réputation redoutable, dévorant en quelques heures les plus belles récoltes, offrant une impénétrable cuirasse aux remèdes les plus virulents. Était-ce cette fois la ruine définitive? la fin de ces vignobles magnifiques reconstitués au prix de tant d'efforts?

Un moment, tous en éprouvèrent la crainte; mais c'était douter de la science et des résultats que peut procurer l'observation attentive de ceux qui savent voir.

Une méthode de traitements efficaces fut instituée à Cadillac même contre ce nouvel ennemi; il fut démontré que l'évolution des spores du black rot, comme des autres maladies cryptogamiques, pouvait être arrêtée par les solutions cupriques appliquées opportunément.

Le viticulteur pouvait cette fois envisager l'avenir avec confiance.

Dépenses faites pour reconstituer les vignobles.

La somme d'efforts nécessitée par la reconstitution et la lutte contre les maladies de tout genre a été considérable. Pour s'en faire une idée, il faut songer que 2,500 hectares environ ont été replantés en quinze années dans le canton de Cadillac par des propriétaires à peu près dépourvus de ressources à l'issue de la crise phylloxérique.

Or, le prix de la reconstitution pouvant être estimé à une moyenne de 3,000 francs à l'hectare, c'est, au bas mot, une somme de 7,500,000 francs qu'il a fallu dépenser.

Si l'on ajoute à ce chiffre la perte du revenu de la vigne pendant sept à huit ans, par suite des découragements, des incertitudes, des tâtonnements et des lenteurs de la reconstitution, soit à raison de 1,000 francs par hectare et par an 7,000 francs, on constate avec effroi que notre canton a subi une perte supérieure à 25,000,000 de francs.

Ces chiffres pourraient paraître exagérés au premier abord. Il n'en est rien cependant.

Dans des conditions normales, le prix de revient de la reconstitution d'un hectare de vigne par les plants greffés, peut être, en effet, décomposé comme suit :

Nivellement, transports de terre préalables. . . . . F.	150 »
Défoncement au bécard (0 fr. 05 le ^{m3}).	500 »
Fumure (90^{m3} fumier ou terreau), à 5 francs l'un.	450 »
Achat de plants greffés (4,500 à 12 fr. le cent).	540 »
— de petits carrassons pin (4,500 à 15 fr. le mille).	67 50
Aiguisage des dits carrassons.	13 50
Achat de 1,125 gros piquets acacia, à 0 fr. 45 l'un.	506 25
Pelage et aiguisage des piquets, à 4 francs le cent.	45 »
Achat d'environ 200 pierres dures pour culées.	10 »
— de 300 kilogr. fil de fer n° 15, à 36 francs.	108 »
— de 5 kilogr. pointes doubles.	2 75
Main-d'œuvre pour planter petits carrassons : 9 journées à 3 fr. .	27 »
— pour planter la vigne, 18 journées à 3 fr.	54 »
— pour planter les gros piquets et les culées, 8 journées à 3 fr.	24 »
— pour étendre, faire raidir les fils de fer et planter les pointes, 6 journées hommes à 3 fr.	18 »
— 9 journées femmes à 1 fr. 25.	11 25
Transport des fumiers, 2 fr. par mètre.	180 »
— des piquets, culées, etc.	30 »
Total. . . . . . F.	2,737 25

La première et la seconde année, la vigne ne rapporte rien; il faut néanmoins donner au sol des façons répétées : épamprer, accoler, sulfater avec soin les jeunes plants, soins qui nécessitent annuellement les frais suivants :

Quatre façons charrue, 12 journées à 2 fr. l'une. . . . . . . F.	144 »
— herse ou bien houe, à 12 fr.	36 »
Façons à la bêche, suppression des radicelles au greffon. . . .	45 »
A reporter. . . F.	225 »

Report	F.	225 »
Épamprage et attachage des pampres, 15 journées femmes à 1 fr. 25.		18 75
Sulfatages, poudrages: main-d'œuvre et marchandise.		20 »
Taille, liage, 15 journées à 3 fr.		45 »
Total.	F.	308 75
Soit pour deux années le double ou.	F.	617 50
Ajoutant les dépenses de la première année.		2,737 25
On obtient un total de.	F.	3,354 75

qui représente une moyenne au-dessous de laquelle il est difficile de rester.

La troisième année paie quelquefois une partie des frais.

Les années suivantes, les frais de culture continuent à être très élevés. Il faut, en effet, faire de la culture intensive par des apports abondants de fumiers et d'engrais chimiques, tenir le sol dans un état parfait d'ameublissement, lutter sans cesse contre les maladies cryptogamiques, les agents atmosphériques, etc., etc.

Pour un hectare de vigne adulte, le viticulteur dépense chaque année de 800 à 1,000 francs par an, les petits vignobles coûtant moins que les grands.

Il n'est pas fait état, dans cette évaluation des frais accidentels entraînés par la défense contre les gelées printanières, par exemple, ni du surcroît de dépense occasionné par la situation particulière de certains vignobles (coteaux de Sainte-Croix), exigeant, en raison de la déclivité du sol, l'usage exclusif de la bêche pour l'exécution des façons culturales.

Rien n'est plus aléatoire que le produit de la vigne; jusqu'au dernier moment, le viticulteur voit sa récolte à la merci de multiples éléments de destruction. Toutefois, il est permis d'avancer que, dans une année de production moyenne, une vigne greffée, cultivée avec soin, donnera 7 tonneaux de vin à l'hectare ou 63 hectolitres dans les vignes rouges, et 6 tonneaux ou 54 hectolitres dans les vignes blanches.

Comme le rendement, le prix de vente est variable aussi selon l'année, la qualité du vin, etc.., ici encore il faut se contenter d'une moyenne approximative. Vendus en premier, au sortir de la cuve ou du pressoir et non logés, les vins rouges valent 280 francs le tonneau et les blancs 350 francs.

Dans les vignobles blancs de Sainte-Croix-du-Mont, Loupiac, etc., les prix de vente sont beaucoup plus élevés, mais en revanche les frais de culture dans les coteaux abrupts de ces communes sont aussi plus considérables que la moyenne plus haut indiquée; en outre, les soins minutieux de la cueillette nécessitent un personnel très nombreux. Pour récolter la quantité de raisins destinés à faire une seule barrique de tête, il n'est pas rare de dépenser 50 francs, correspondant à trente ou quarante journées de femmes.

Conséquences économiques de la reconstitution des vignobles.

Les chiffres ci-dessous diront éloquemment quelle est la valeur de l'effort accompli par les viticulteurs du canton :

NOM DES COMMUNES	HECTARES PLANTÉS EN VIGNE			PRODUCTION EN HECTOLITRES			
	1876	1886	1899	1876	1886	1893	1899
Cadillac	»	»	154	»	»	12,327	9,287
Langoiran	»	»	694	»	»	6,263	4,432
Paillet	»	»	85	»	»	3,697	2,294
Béguey	»	»	176	»	»	2,687	2,112
Capian	540	400	550	»	1,350	11,449	10,300
Cardan	»	»	200	»	»	2,955	3,354
Donzac	»	»	124	»	»	8,764	2,965
Gabarnac	»	»	287	7,650	2,400	8,356	11,844
Laroque	94	99	115	»	»	2,000	3,180
Lestiac	»	»	90	»	»	10,000	4,570
Loupiac	»	350	420	»	»	11,780	19,534
Monprimblanc	»	»	166	»	»	7,236	4,891
Omet	»	»	92	»	185	3,752	4,196
Rions	»	»	408	»	»	12,283	17,616
Villenave-de-Rions	160	»	148	720	290	3,000	1,447
Sainte-Croix-du-Mont	»	»	571	»	»	15,403	13,639

A mesure que s'étendait la reconstitution, la valeur des propriétés augmentait proportionnellement à l'élévation des rendements, dépassant de beaucoup, en certains cas, les prix obtenus aux temps les plus prospères d'avant la période phylloxérique.

Le tableau ci-dessous donnera une idée de la progression suivie :

ANNÉES	COMMUNES	CONTENANCE	PRIX TOTAL	PRIX DE L'HECTARE
1882	Cadillac	2 hect. 29	6,000	2,660
1888	Rions	15 —	28,000	1,860
—	Loupiac	12 —	11,000	900
—	Laroque	14 —	16,000	1,100
1889	Cadillac	10 —	38,000	3,800
1898	d°	4 —	35,000	8,750
1899	d°	3 —	20,000	6,660
—	Sainte-Croix-du-Mont	10 —	115,000	11,500

Les travaux de reconstitution d'abord, l'entretien des vignobles ensuite provoquèrent rapidement le repeuplement des campagnes.

Dans certaines communes, l'augmentation fut particulièrement sensible :

	1876		1886		1899	
Loupiac	1,002	habitants	975	habitants	1,046	habitants
Capian	»	—	582	—	650	—
Paillet	998	—	815	—	954	—

Il convient de tenir compte, en outre, de la population flottante, qui n'est pas comprise dans ces chiffres: Espagnols venant faire les défoncements en hiver, chemineaux venant faire les vendanges, etc.

Cadillac, chef-lieu du canton, bien qu'ayant une population surtout industrielle et commerçante, subit les effets de la crise d'une façon notable et bénéficia aussi des heureux résultats procurés par la reconstitution.

Cette ville avait :

En 1881	2.035	habitants avec	38	naissances
1886	2,076	—	32	—
1891	1,950	—	23	—
1896	2,084	—	48	—

La moyenne des naissances a été de :

37	dans la période	1876-1884
30	—	1884-1892
40	—	1892-1899

Les impôts qui portent sur les maisons et qui reflètent assez exactement le bien-être des habitants d'une région, indiquent une situation de plus en plus prospère. Ces impôts, en effet, sont en augmentation constante de 2 à 3 0/0 par an dans les communes essentiellement viticoles.

Après avoir édifié ses chais, le viticulteur rebâtit pour son propre compte l'ancienne maison de famille; pour lui et pour ses domestiques, il crée des logements vastes et aérés, répondant à toutes les prescriptions de l'hygiène.

Le bien-être général est appréciable aussi dans l'alimentation. Les travailleurs, mieux rétribués qu'autrefois, gagnant en moyenne le double, se nourrissent mieux; les bouchers sillonnent les campagnes en tous sens et font de bonnes affaires.

L'octroi de Cadillac, qui perçoit des droits uniquement sur la viande, a donné :

En 1886. . . . . F.	6,799 88
1891.	7,011 94
1899.	8,128 20

Les vieilles vignes françaises emportèrent avec elles les pratiques surannées remontant aux premiers âges de la viticulture et consacrées pendant des siècles par la routine.

Progrès de la viticulture.

Aux plants nouveaux, il fallut appliquer des méthodes culturales nouvelles.

A leurs premiers essais de reconstitution, les viticulteurs comprirent qu'ils avaient tout à apprendre en viticulture. Ils se mirent à l'œuvre avec ardeur. Assistant aux réunions du Comice, aux conférences, lisant les publications agricoles, prenant avis auprès des personnes compétentes, ces apprentis de la veille devinrent en peu d'années des maîtres en viticulture.

Et alors la culture de la vigne étant devenue un art, les nouveaux vignobles présentèrent un aspect tout différent de ceux d'autrefois.

Plantation.

Aujourd'hui, les espacements sont réguliers, habituellement 2 mètres entre les lignes et 1 mètre sur les lignes de ceps; trois rangs de fils de fer, supportés par de gros piquets d'acacia disposés tous les cinq ou six pieds, remplacent les anciens fouillis d'échalas. La taille longue à deux bras a remplacé la taille courte aux cots multiples.

Cépages.

Une sélection rigoureuse s'est imposée dans le choix des cépages. Un grand nombre de cépages français ont été abandonnés comme ne produisant pas assez; d'autres comme donnant des produits de qualité inférieure. Après quelques tentatives isolées les américains producteurs directs ont été éliminés aussi.

Aujourd'hui, le viticulteur greffe à peu près exclusivement, comme cépages rouges : le *Malbec*, le *Merlot*, les *Cabernets;* comme cépages blancs : le *Sémillon*, le *Sauvignon*, la *Muscadelle*.

Culture.

Les vignes sont soigneusement palissées, pincées, rognées.

Labours, hersages et traitement des maladies cryptogamiques sont exécutés à la perfection, aux moments opportuns, avec un outillage perfectionné.

Partout l'ordre, l'observation, la méthode remplacent la routine.

L'impression d'ensemble éprouvée par le visiteur étranger à la vue des vignobles du canton a été fort bien résumée par un inspecteur général de la viticulture, qui disait l'an dernier « que toutes les vignes du canton de Cadillac paraissaient appartenir à un seul et même propriétaire, tant elles étaient uniformes dans leur perfection ».

Pareille appréciation venant d'une personnalité aussi autorisée se passe de commentaires.

Vinification.

Les modifications dans l'outillage des cuviers, dans les méthodes de vinification, ont été non moins profondes. Aux anciens cuviers ont succédé des bâtiments vastes, bien aérés, d'une propreté parfaite, propreté dont le principe s'étend méticuleusement à tous les vaisseaux vinaires. Ceux-ci ont été modifiés aussi; les pressoirs notamment sont maintenant pourvus de mécanismes perfectionnés permettant d'obtenir dans un espace réduit des pressions considérables avec une force musculaire relativement minime.

Les vins, objets de soins intelligents et minutieux, ne sont plus sujets aux altérations nombreuses qui autrefois dépréciaient si souvent leurs qualités premières.

On le voit, pour avoir été lent à venir, le progrès n'en a pas moins pris de rapides développements en viticulture.

Aujourd'hui, grâce à la reconstitution de ses vignobles, le canton de Cadillac entre dans une ère de prospérité qui lui permet d'envisager l'avenir avec confiance.

Le Comice a le droit de revendiquer une large part dans ce résultat : l'œuvre de reconstitution est beaucoup la sienne. Il voit se réaliser, après quinze années de travail persévérant, les promesses qu'il avait faites lors de sa fondation : son but est atteint.

Et c'est pourquoi il est fier de son œuvre, qui a contribué à augmenter la prospérité de la patrie.

G. Vinsot,
secrétaire général du Comice.

LES MÉTHODES DE CULTURE DE LA VIGNE

DANS LE CANTON DE CADILLAC

MONOGRAPHIE D'UN VIGNOBLE

Nous nous proposons sous ce titre de faire la monographie d'un vignoble type du canton de Cadillac. La culture de la vigne est arrivée dans ce canton à un haut degré de perfection, grâce à l'action de son Comice. Les hommes de savoir et de dévouement qui l'ont dirigé, ont su ajouter aux résultats de leurs travaux personnels, riches d'observations neuves et fécondes, ceux que pouvait donner la constante collaboration des membres du Comice, et ils ont trouvé dans l'excellente organisation de cette Société les fondements de nouvelles méthodes de culture et le moyen de les faire adopter.

Des pratiques agricoles que nous allons décrire, il n'en est pas une qui n'ait été l'objet d'enquêtes minutieuses de la part des commissions du Comice, et bien des conclusions qu'elles ont formulées pour la première fois, notamment sur la reconstitution et le greffage, sont restées définitives et sont devenues d'une application générale.

Il est résulté de ces efforts une méthode de culture propre à ce canton et justifiée par les conditions agricoles et économiques de la région. L'historique des enquêtes, des observations et des expériences sur lesquelles elle est basée, sera fait dans une autre partie de cette étude.

Maintes propriétés s'offraient à nous, que nous aurions pu citer comme modèles; mais nous avons préféré laisser à cette description une forme impersonnelle et nous avons imaginé un vignoble type qui donne, par sa contenance, par la nature de ses terrains, par la date de sa reconstitution, une idée exacte de la généralité des vignobles du canton.

Le propriétaire de ce vignoble type eût pu être l'un quelconque des membres du Comice de Cadillac, ayant reçu l'instruction primaire, parfois aussi l'instruction de cours complémentaires, assistant régulièrement

4

aux séances de ce Comice, lisant des journaux agricoles, et travaillant lui-même sa vigne au milieu des ouvriers qu'il dirige.

Nous aurions pu placer cette propriété à Sainte-Croix-du-Mont, par exemple, où s'en trouvent plusieurs du même genre, possédant à la fois des terrains de *palus*, sols d'alluvions riches et humides; des terrains de côtes, appartenant au miocène inférieur, terrains argilo-calcaires, secs, exposés au midi, propres à la culture des vignes blanches, et des terres de plateau, où le sol, provenant d'alluvions anciennes (dépôt caillouteux de l'Entre-deux-Mers), est argilo-siliceux, sans chaux ni acide phosphorique, parfois profond, à sous-sol humide et se tassant toujours fortement sous la pluie.

Nous lui supposerons une contenance de 5 hectares, qui peuvent ici entretenir deux familles de cultivateurs, et nous observerons dans la répartition des terrains la proportion qui existe en réalité.

Nous en indiquons la reconstitution comme commencée en 1884. A la vérité, dès 1877, des plantations de vignes greffées ont été entreprises, mais c'est seulement au bout de quelques années de tâtonnements et d'essais qu'ont pu être obtenus définitivement les résultats culturaux que nous allons faire connaître.

PREMIÈRE ANNÉE DE LA RECONSTITUTION

Nous nous supposons donc au début, pendant l'hiver 1883-84.

Défonçage.

La vigne française à peine arrachée, le sol est défoncé à la pioche ou au bécard à une profondeur de $0^m 50$, la terre de la surface se trouvant mise au fond. Cette opération a été accompagnée d'une fumure de 50,000 kilos de fumier de ferme à l'hectare. On mettait ainsi vigne sur vigne, mais cette forte fumure prévenait l'épuisement du sol.

Procédés de reconstitution.

Trois procédés de reconstitution ont été simultanément mis en œuvre : la greffe sur place en août, dite greffe de Cadillac, la greffe sur place de printemps et le greffage sur table.

Porte-greffes.

Les seuls porte-greffes utilisés ont été le *Riparia-Gloire* dans les palus et sur les côtes, le *Vialla* sur le plateau, et le *Jacquez* dans certaines parties calcaires. Déjà, il avait été remarqué dans le Comice, pour la première fois, que le système radiculaire grêle du Riparia se développait mal dans les terrains froids et compacts du plateau et que le Vialla, grâce à ses grosses racines, s'y trouvait mieux adapté. On ne connaissait pas encore à cette époque certains hybrides franco-américains, ou américo-américains qui eussent mieux réussi dans les parties calcaires de la côte.

Greffons.

Les cépages français employés comme greffons ont été, dans la côte, les cépages blancs : *Sémillon* (75 0/0), le *Sauvignon* (20 0/0), la *Muscadelle* (5 0/0). Sur le plateau et dans les palus, on a greffé des cépages rouges : le *Malbec* (50 0/0); le *Cabernet-Sauvignon*, le *Grapput*, le *Castets*, en égale proportion, ont formé l'autre moitié. On rencontre aussi, parmi les blancs, en petit nombre, le *Blanc-Verdot*, la *Chalosse*, le *Blanc-Auba;* et, parmi les rouges, le *Merlot*, la *Pardotte*, la *Folle rouge*.

Dès février de 1884, des plants racinés de Riparia et de Vialla sont achetés et mis en place, les uns pour être greffés en août de l'année même, les autres au printemps de l'année suivante.

En même temps, des greffes-boutures sont faites sur table pour être mises en pépinières, puis plantées en 1885. De plus, au printemps, le propriétaire établit une pépinière de boutures destinées à fournir les porte-greffes racinés de l'année suivante.

Greffe de Cadillac.

La description de la greffe d'août, qui est particulière au canton de Cadillac, va surtout nous occuper cette année.

Le mois d'août 1884 réalisait les conditions climatologiques nécessaires à la réussite de cette greffe : une atmosphère humide, un sol chaud sans sécheresse.

Dans la deuxième quinzaine d'août, les façons de l'année sont terminées et la vigne chaussée : une cuvette est ouverte autour de chaque pied. On pratique alors, à 12 centimètres au-dessus du sol ferme, sur le bois principal du porte-greffe et non sur les pousses de l'année, une section dirigée obliquement vers la moelle. C'est dans cette section, de 4 centimètres de longueur, qu'on introduit le greffon, taillé comme pour la greffe en fente ordinaire, et portant deux yeux.

Chaque greffe est liée au moyen d'une étroite bande de plomb qui forme bague et dont les extrémités sont tordues l'une sur l'autre. Un lien de raphia est enroulé par-dessus à tours espacés. Le raphia sert aussi à fixer la partie supérieure du greffon contre le porte-greffe pour le consolider.

Les greffons ont été pris au moment du greffage sur des vignes françaises encore vigoureuses et sur des bois de l'année un peu aoûtés.

Chaque greffe est buttée jusqu'au dernier œil du greffon.

On sait que, dans ce système de greffage, les yeux du greffon restent généralement dormants et ne partent que le printemps suivant.

Le porte-greffe continue ainsi à végéter tout l'automne. Pendant l'hiver, on le taille comme s'il n'était pas greffé, en lui laissant un seul sarment, le plus élevé.

En avril, à l'époque où les bourgeons prêts à s'ouvrir se gonflent, les greffes ont été visitées : sur les pieds où cet éveil du bourgeon ne s'est pas produit, la soudure n'a pas réussi. Ils sont alors greffés en place, au-dessous de la fente déjà existante, et en même temps que les autres greffes sur place du même genre.

Au fur et à mesure que les pousses du porte-greffe se produisent, on les pince, afin de maintenir la sève vers la soudure et le greffon.

On fait encore, au printemps, après avoir déchaussé, une visite des greffes pour en refaire la ligature; un peu plus tard, on enlève les racines du greffon et les ligatures. Dès que les pousses du greffon ont un développement de 40 centimètres et qu'on est assuré de la reprise, les porte-greffes sont décapités.

Les reprises atteignent 80 à 90 0/0.

Ce qu'on appelle greffe de Cadillac n'est pas, comme on le voit, un mode particulier de greffage, car la greffe de côté était déjà appliquée aux arbres fruitiers, et celle de Cadillac se fait d'ailleurs aussi bien à l'anglaise qu'en fente. Cette expression « greffe de Cadillac » désigne un système de reconstitution dont l'originalité consiste à greffer au mois d'août, sur un porte-greffe en pleine sève, non décapité, avec des greffons provenant de bois de l'année et en conservant la possibilité de greffer au printemps sur place les sujets qui n'ont pas réussi.

Ce système, dont l'idée première revient à M. Ballan, d'Omet, a été appliqué sur une grande échelle dans le canton de Cadillac.

Greffage de printemps sur place.

Au greffage d'août sur place, avons-nous dit, s'est ajouté le greffage sur table et le greffage sur place de printemps.

Le greffage sur place de printemps s'est effectué en avril suivant, avec des greffons de deux yeux et un même mode de ligature. On s'est même souvent servi de la machine à épaulement pour préparer à l'avance tous les greffons. La greffe est ensuite buttée de terre fine jusqu'au niveau de l'œil supérieur et, pendant plus d'un mois, il est pris le plus grand soin des buttes afin d'empêcher le tassement de la surface. Qu'il s'agisse du greffage sur table ou du greffage sur place de printemps et d'août, soudure au milieu d'une terre meuble, telle est la condition première de maintenir la la réussite.

Greffage sur table.

Les greffes sur table ont été faites aussi fréquemment à la machine qu'à la main. Il existe à Cadillac plusieurs machines qui font avec succès la greffe à épaulement : celles de M. Ballan, de Sainte-Croix-du-Mont, de M. Pinsan, de M. Cazeaux-Cazalet, de M. Roy; elles produisent d'aussi bons effets que le greffage à la main, et font une besogne aussi rapide quand le travail est bien ordonné; aussi les machines à greffer n'ont-elles pas dans cette région le discrédit dont elles sont atteintes ailleurs.

Il a été remarqué que les meilleurs résultats, dans le greffage à la main, étaient obtenus quand la section du greffon, au lieu d'être plane, formait à son origine une légère concavité qui la rapproche de la greffe à épaulement et lui donne les mêmes avantages. Les ouvriers greffeurs se sont habitués facilement au tour de main que cette forme nécessite.

Le greffon est généralement taillé à deux yeux. Le greffon et le sujet une fois joints, on passe autour du sujet une mince lame de plomb de

5 dixièmes de millimètre d'épaisseur et de 3 millimètres de largeur, qui est enroulée comme une bague, et dont les extrémités sont tordues l'une sur l'autre. Quand cette bague est fixée, on fait entrer de force un peu plus profondément le greffon dans le sujet.

Rien de particulier à signaler dans la stratification et la mise en pépinière. Les rangs des greffes-boutures, dans la pépinière, sont espacés de 0^m 80, et les pieds sont enfoncés en terre de façon que la soudure soit au ras du sol et qu'ils aient tous à un même niveau l'œil le plus bas du greffon. On recouvre le greffon de terre fine jusqu'au-dessus de l'œil supérieur et l'on donne toute l'année à la pépinière les soins habituels : travail de la partie superficielle, sulfatages, arrosages, si besoin est.

En juillet, on déchausse et l'on effectue le sevrage des racines du greffon. On laisse ensuite la bouture exposée à l'air jusqu'au moment de la plantation, et cette aération la lignifie plus vite, la rend plus résistante, et diminue sa propension à émettre des racines.

Plantation des greffes.

En février et en mars 1885, les premières greffes-boutures obtenues sont mises en place. Disons ici, une fois pour toutes, que les distances réservées entre les pieds dans les plantations ont été de 2 mètres entre les rangs sur 1 mètre, exception faite pour quelques parties maigres où les plants ont été mis à 1^m 75 sur 1 mètre. Dans les palus, les distances ont été de 2 mètres sur 1^m 30.

Il a été procédé à la plantation de la façon suivante : sur la terre défoncée et nivelée, des échalas longs de 1^m 10 sont enfoncés profondément aux distances convenables, et c'est seulement après leur installation que le trou de plantation a été creusé à une profondeur de 0^m 30. Du terreau est mis au fond. Dans les terrains où l'on craint le ver blanc, on a coutume de mettre au lieu de terreau 300 grammes de sulfate de fer par pied, qui protègent la vigne contre la larve et exercent comme amendement un effet utile.

Les plants racinés sont établis de sorte que le point de soudure soit à 5 centimètres au-dessus de la terre nivelée (1). Cette hauteur est justifiée, on va le voir, par la profondeur qu'atteindront les façons suivantes.

Le pied mis en place est butté à 2 ou 3 yeux au-dessus de la soudure, de façon à ce qu'elle reste encore sous terre après le tassement naturel de la butte. Le jeune bois du greffon qui dépasse est coupé au ras de la butte en mai, quand les gelées ne sont plus à craindre. Toute l'année, on prendra un soin tout particulier des buttes, afin d'éviter le tassement de leur partie superficielle ; c'est là une condition essentielle de réussite.

Culture du sol.

Le sol, dès cette première année, reçoit quatre façons de charrue : en mars, on fait un labour de déchaussage qui porte la terre entre les rangs

(1) Nous appelons *terre nivelée*, le plan primitif du terrain une fois nivelé. Dès qu'un premier labour a été fait, ce plan n'existe plus qu'idéalement. Nous appelons *terre ferme* la partie du sol que les labours n'entament pas et qui est en moyenne à 0^m 10 du plan primitif.

de vigne. L'intervalle compris entre les pieds et sur les rangs, ou *cavaillon*, est alors enlevé à la bêche sur une profondeur de 0^m 10, de sorte que le point de soudure, déjà élevé de 0^m 05, sera, après cette façon, à une hauteur de 0^m 15 au-dessus de la terre ferme.

Cette hauteur est nécessitée dans le Sud-Ouest par l'état de l'atmosphère, tempérée et humide, qui favorise la sortie des racines du greffon pendant l'automne et l'hiver, quand la soudure est chaussée; cette élévation du point de soudure facilite le sevrage en mars et en septembre, et empêche la formation des racines pendant les périodes où la vigne reste déchaussée. Le climat du Sud-Ouest est assez tempéré pendant l'hiver pour que la soudure, alors légèrement recouverte de terre, ne soit pas gelée; il n'est pas assez brûlant pendant l'été pour que la soudure exposée à l'air se dessèche.

En mai, on donne un labour de chaussage.

Ces deux façons se renouvellent alternativement à la fin de juin et de septembre, mais de sorte que la butte ne soit pas défaite par les deux labours de déchaussage de mars et de juin.

Le cavaillon, dans les deux dernières façons de juin et de septembre, est travaillé à la main sur place.

A la suite de ces labours, on fait des hersages ainsi que des binages à la houe à cheval (genre Pilter). On conçoit que ces nombreuses façons ont pour but d'empêcher le tassement par les pluies de la partie superficielle du sol et d'y maintenir la fraîcheur nécessaire au bon développement des cépages américains.

Au mois d'août, la butte a été défaite en vue du sevrage des racines du greffon et à la suite de cette opération, le pied est resté déchaussé jusqu'au labour de chaussage fait en septembre. Nous avons dit à propos des pépinières l'avantage qu'on avait trouvé à exposer ainsi à l'air le tissu de soudure.

Dès cette première année, la vigne a reçu les traitements au sulfate de cuivre contre le mildiou. Ajoutons que le sol commence aussi à porter des engrais verts destinés à être enfouis sur place. Il y eut heureusement, à partir de 1885, une série d'années humides qui permirent leur développement. Les plantes employées à cet effet ont été : l'avoine d'hiver, la vesce d'été, le trèfle incarnat ou farouch, le seigle, précieux par sa précocité, la fève et, dans les sols légers, le lupin.

Installation des fils de fer.

Au cours de l'hiver qui suivit (1885-1886), les trois fils de fer sont posés d'un coup. Pour des raisons d'ordre économique, certains propriétaires répartissent cette dépense sur trois années : le premier hiver, ils posent le fil de fer du milieu, qui permet de maintenir les ceps au fur et à mesure que les échalas disparaissent; l'hiver suivant, ils mettent le fil de fer le plus bas, et, l'année suivante, le troisième.

Le premier fil de fer est toujours mis à 0 m. 50 au-dessus du cavaillon. Cette hauteur est calculée de façon que l'enlèvement des cavaillons puisse être effectué à la main commodément dans ces terres argileuses. Le second est mis à 35 centimètres au-dessus : c'est la hauteur à laquelle arrivent lors de la floraison les pousses pincées; on peut ainsi les attacher à ce deuxième fil de fer. Le troisième est établi à 60 centimètres au-dessus du deuxième, à la hauteur qu'atteignent les pampres, à la fin de juin, un peu avant le rognage. Nous parlerons en temps voulu de ces diverses opérations, qu'il fallait déjà prévoir dans l'établissement des fils de fer. On voit que leur hauteur n'est pas arbitraire, mais qu'elle est justifiée par les méthodes de culture et l'allure de la vigne dans cette région.

Dans ce même hiver, chaque cep a été taillé à un seul bois, conservé assez long pour qu'il puisse s'attacher au fil de fer, afin d'éviter le remplacement de l'échalas. Ce bois a été choisi de telle sorte qu'il ait à sa base deux yeux opposés, dirigés dans le sens de la ligne, à 12 centimètres au-dessous du fil de fer, et ainsi capables de donner les deux sarments qui feront les deux premiers bras de la taille prochaine. Taille.

DEUXIÈME ANNÉE DE LA RECONSTITUTION

Pendant la deuxième année (1886) on a fait les quatre façons de charrue aux mêmes époques : mars, mai, fin juin et septembre. Culture.

1° En mars, un déchaussage complet.

2° En mai, un demi-chaussage par deux tours de charrue au lieu de quatre.

3° En juin, un demi-déchaussage.

4° En septembre, un chaussage complet.

Les déchaussages de mars et de juin n'ont plus, comme ceux de première année, à respecter la butte de greffage, qui n'existe plus. Quant au cavaillon, qui, la première année, était travaillé sur place dans les façons de juin et de septembre, il se trouvera désormais ramené à la main, entre les rangs, dans le déchaussage de juin, et reformé par la charrue dans le chaussage de septembre.

Ce décavaillonnage entame une quinzaine de centimètres de terre. Le labour de chaussage n'entame guère la terre qu'à cette même profondeur, mais il la relève fortement contre les rangs de vigne, ce qui ferait supposer, quand la façon a été achevée, que le labour a été beaucoup plus profond.

Ce relèvement de la terre est obtenu grâce à une disposition particulière des charrues du pays dont le versoir est très allongé. Cette pièce se démonte en trois parties, de sorte qu'on peut obtenir trois sortes de travaux différents : le travail sur place avec la partie antérieure du versoir fixée à demeure au corps de charrue, et des chaussages plus ou complets, selon qu'on ajoute une ou deux des parties postérieures.

Ces quatre façons n'ont été introduites dans la culture de la vigne qu'avec la reconstitution des vignobles : elles sont justifiées par les exigences des porte-greffes américains, relativement à la fraîcheur du sol. Le demi-chaussage de mai laisse entre les rangs de la terre meuble, travaillée tout l'été sur place par la herse et la houe, qui empêchent le tassement du sol, détruisent la capillarité et maintiennent de l'humidité dans le sous-sol. Dans les terrains forts de cette région, si la vigne se trouvait complètement chaussée pendant l'été, il existerait entre les rangs de vigne une sorte de fossé dont le fond, formé de terre ferme, se garnirait de fissures sous l'action de la chaleur, condition déplorable à la végétation de la vigne. La comparaison entre ces deux méthodes de culture montre très nettement que les accidents physiologiques si fréquents en période de sécheresse dans les terrains cultivés à l'ancienne méthode, ne se produisent pas avec la nouvelle.

Ajoutons qu'à la façon de mars, après le déchaussage, on enlève les racines du greffon qui ont poussé depuis le sevrage de la précédente année. Chaque année aussi, la vigne reçoit des engrais verts.

Taille.

Dans ce deuxième hiver, la taille consiste à préparer l'anquage de la vigne. Parmi les trois vigoureux sarments qu'ont donnés les trois yeux laissés l'année précédente, on en choisit deux qui forment ensemble une bifurcation en V, située à 10 ou 12 centimètres au-dessous du fil de fer et dirigés dans le sens de la ligne ; chacun de ces deux sarments est taillé en côt à deux yeux.

Terrages.

On commence alors, pour le renouveler chaque année à la même saison, le transport des terres entraînées par les pluies.

Tailles en vert.

Au début de la végétation, on a coutume de donner un épamprage ; les pampres sortis des deux yeux de chaque côt sont seuls conservés. Au mois de mai, quand ils sont bien développés, on les attache tous ensemble en touffe sur le fil de fer. Ainsi resserrés, ils ne se dirigeront pas en dehors du pied et ne donneront pas une mauvaise direction aux bras qu'ils sont destinés à continuer. Au début de juillet, les pampres sont rognés au-dessus du troisième fil de fer. Nous n'insistons pas sur les autres façons de ce troisième été, qui restent les mêmes que l'été précédent.

Chlorose.

Dès le printemps de cette troisième année, il est assez ordinaire, en certains sols, qu'un certain nombre de souches soient atteintes de chlorose. La propriété possède, en effet, plusieurs portions de sol calcaire n'ayant que 10 0/0 de cet élément dans les 15 premiers centimètres de terre, mais en ayant 25 0/0 au-dessous. On sait que le *Riparia* se chlorose dans les sols de cette nature. On ne connaissait pas alors certains hybrides américo-américains au moyen desquels ces sols seraient aujourd'hui reconstitués. Seul, le *Jacquez* avait été employé avec succès dans les parties calcaires; mais dans les sols où le *Riparia* avait servi de porte-greffe, il se trouvait certains îlots calcaires où la chlorose se manifestait. C'est au moyen du sulfate de fer qu'on a remédié à cette maladie. On a creusé autour de chaque cep une cuvette assez profonde pour atteindre les racines les plus superficielles, et, au mois d'août, on a versé dans cette cuvette une solution de sulfate de fer à 10 0/0.

On a, de plus, traité à la bouillie bordelaise contre le mildiou comme on l'avait déjà fait la première année, et, dans l'espoir d'une première récolte, les traitements avec le soufre contre l'oïdium commencent à être donnés.

TROISIÈME ANNÉE DE LA RECONSTITUTION

Taille de Cadillac.

C'est à partir de ce troisième hiver qu'est installée, d'une façon définitive, la taille à deux longs bois ou astes, sans côts de retour, dite taille de Cadillac. Avant la taille, la vigne présente deux bras, portant chacun deux sarments.

Sur chaque bras, un seul de ces sarments est conservé (celui de la base de préférence) et doit servir de branche à fruit ou aste. Les opérations de la taille qui vont suivre montreront comment est assurée la vigueur de ces bois de remplacement. Le sarment qui aura poussé à la base de cet aste, servira d'aste nouveau l'année suivante, et il en sera de même chaque année.

Le cep ne porte aucun côt; on en laisserait un d'un œil, exceptionnellement, dans le cas où il importerait de rabattre l'un des bras.

A cette troisième taille, chaque aste porte seulement cinq à six yeux. On les courbe tous deux sur le fil de fer et on a soin d'enlever, lors de la taille, avec le sécateur, les deux ou trois yeux qui se trouvent sur la courbure. Les yeux de base 1 et 2 donneront le bois de remplacement; — un seul d'entre eux est nécessaire, mais on en conserve toujours deux en cas d'accident; — les yeux 3, 4, 5 sur la courbure sont enlevés; les yeux 6, 7, 8, 9 vont donner les pampres fructifères. Si l'on enlève les yeux de la courbure, c'est qu'on a remarqué qu'ils prenaient, à cause de leur situation, un trop grand développement aux dépens des bois de remplacement; de plus, leur ablation laisse un espace vide entre les pampres de remplacement et les pampres fructifères, et met entre eux une démarcation très nette qui facilite les opérations suivantes : attachage, pincement, incision annulaire.

Toutes les sections de taille sont faites selon la méthode de M. Dezeimeris, qui a pris naissance dans le canton de Cadillac. Les sarments supprimés à la taille, au lieu d'être rabattus au niveau de l'empattement, sont rabattus provisoirement sur la cloison située au-dessus du premier œil et ne sont enlevés qu'à l'un des hivers suivants. Sur les sarments conservés, les sections sont toujours faites au milieu d'un nœud. Cette méthode, on le sait, assure la formation de bois sains en supprimant les obstacles apportés à la circulation de la sève.

Tailles en vert.

Suivons d'une façon particulière les diverses opérations en vert de la taille accomplies pendant cette troisième année. Elles doivent désormais se renouveler chaque année dans les mêmes conditions. Au début de la végétation, on effectue un épamprage.

En mai, quand toutes les formances ou mannes sont sorties, on procède à un pincement.

A ce moment il existe, au-dessus de la dernière manne, deux ou trois feuilles ayant un diamètre de 2 à 4 centimètres. On enlève avec l'ongle la partie terminale du pampre en ne laissant que deux feuilles au-dessus de la dernière manne. Cette opération n'est pas pratiquée sur les pampres de la base 1 et 2 qui doivent assurer le remplacement; elle n'est faite que sur les pampres fructifères, dont elle augmente la production.

On a choisi, pour effectuer le pincement, une période où la végétation est moins active. La vigne est loin de croître toute l'année d'une façon uniforme. Elle subit l'influence des circonstances atmosphériques. A chaque abaissement de température, on remarque un notable ralentissement dans sa croissance : c'est l'une de ces périodes que l'on choisit pour faire le pincement. L'enlèvement du bourgeon terminal d'un pampre effectué en période de végétation active fait développer les yeux axillaires, qui tirent ainsi parti de la sève que le bourgeon terminal aurait utilisée. Cet inconvénient ne se produit pas quand ce pincement est effectué en période de végétation ralentie.

Ainsi accompli, le pincement présente donc le double avantage suivant : une production plus abondante sur les pampres fructifères pincés; une vigueur plus grande sur les pampres de remplacement non pincés. C'est grâce à cette pratique que le remplacement est toujours assuré sans côts de retour, même sur les cépages blancs qui ont une tendance naturelle à végéter faiblement à la base de leurs astes.

Il se développe néanmoins toujours un rejet à l'extrémité de chaque pampre pincé et à l'aisselle de la feuille la plus élevée. Aussi la naissance de ce rejet nécessite-t-elle toujours un nouveau pincement, fait dans les mêmes conditions que le premier et une quinzaine de jours après. Ces opérations sont effectuées par des femmes.

Après ce deuxième pincement, l'allongement du rejet terminal et l'allongement intermédiaire des mérithalles, qui a coutume de se produire à cette époque, font atteindre aux pampres fructifères la hauteur du deuxième fil de fer et permettent leur attachage. Dans ce canton, les rameaux fructifères sont toujours attachés en espalier. Il en résulte une aération plus grande et plus de facilité pour le traitement des maladies cryptogamiques. Par contre, les pampres de la base de chaque aste qui servent au remplacement sont attachés tous ensemble dans l'axe du cep, comme ils l'avaient déjà été l'année précédente et pour les mêmes raisons.

Ces pampres de la base, qui, nous l'avons vu, n'ont pas subi de pincement, se sont extrêmement développés. On les rogne à la faux, un peu au-dessus du troisième fil de fer, à la fin de juin.

Variantes de la taille.

Nous venons d'indiquer le type de taille qui règne généralement dans la propriété et qui tend à se répandre de plus en plus dans le canton. Mais il en est des variantes, qu'on trouve dans certaines communes, et qui ont été conservées sur quelques points de cette propriété.

Dans les parties maigres, où la vigne ne pourrait porter deux astes par pied, on la taille à un aste sur un bras et un côt sur l'autre, chaque bras portant alternativement un aste une année et un côt l'année suivante. C'est la taille dite ici de Sainte-Croix-du-Mont et qui convient aux sols calcaires secs des coteaux de cette commune.

Dans un terrain riche, profond, un peu calcaire, et, pour ce fait, planté en *Jacquez*, le propriétaire a été obligé d'adopter une autre taille : des deux astes conservés, l'un a la longueur ordinaire, et l'autre est porté à une longueur bien plus grande, de 70 centimètres à 1m20, puis replié à son extrémité en arc ou en tortillon, et ainsi attaché à son fil de fer.

Ce très long bois ou *tirolle* obvie dans une certaine mesure à la coulure. C'est là une variante de la taille de Saint-Macaire; mais, dans cette dernière commune, chaque cep porte, en outre, deux côts et parfois davantage.

Dans les sols de palus, riches et profonds, on a employé une modification de la taille dite des palus. L'anquage est fait à 50 centimètres au-dessus du niveau du sol pour éviter les gelées printanières.

Le cep porte non seulement les deux bras dirigés dans le sens de la ligne, mais encore un troisième bras situé au milieu et qui prend naissance sur la bifurcation.

Chacun de ces bras porte un aste de sept à huit boutons et un côt de retour à deux yeux. Dans la véritable taille des palus, l'aste du milieu, qui est moins long que les deux astes latéraux et qui est attaché verticalement, s'appelle *côt cabaley.*

Outre le côt de retour à deux yeux, chacun de ces deux bras latéraux et le côt cabaley portent, en outre, un autre côt de trois boutons dit *tirette.*

Pour donner, à propos des tailles employées dans le canton de Cadillac, une idée générale de toutes les tailles de la Gironde, nous dirons que, dans le Médoc, la taille est, comme à Cadillac, à deux bras, avec un anquage plus bas, des bois plus courts et des côts de retour. La taille du Blayais et du Libournais est une taille longue à deux bras et à deux côts de retour.

Taille en vue des gelées.

Certains points de la propriété sont exposés aux gelées printanières. Une modification a été apportée à la taille en vue d'en atténuer les effets. Des deux bois conservés sur chaque cep, l'un est taillé à la longueur ordinaire et couché sur le fil de fer; l'autre est laissé debout dans toute sa longueur.

S'agit-il d'une gelée à glace produite par un refroidissement général de l'atmosphère? Elle atteindra tous les bourgeons qui ont commencé à débourrer ou qui sont déjà gonflés par l'eau de végétation. Sur le long bois vertical, la végétation s'est portée à l'extrémité et les bourgeons de la partie la plus basse, restés latents, seront indemnes de la gelée. On rabattra le sarment sur eux et on en fera la branche à fruit pliée sur le fil de fer à la place de celle que la gelée a détruite.

S'agit-il d'une gelée blanche printanière, qui peut survenir tardivement jusqu'en avril, quand tous les bourgeons ont débourré, et qui est produite par rayonnement? Les effets de ces gelées printanières ne se font sentir qu'à une faible hauteur au-dessus du sol. L'aste plié ainsi que la partie basse du long bois vertical seront gelés, mais les bourgeons de la partie la plus élevée de ce long bois ne seront pas atteints; on le pliera sur le fil de fer et il formera ainsi la branche à fruit. Si aucune gelée en survient, on plie le long bois vertical sur le fil de fer après l'avoir taillé à la longueur ordinaire.

Toutes les façons qui sont effectuées dans le cours de cette année ont déjà été décrites : labours, hersages, scarifiages, sevrage, traitement des maladies cryptogamiques.

Fumures.

Il est une opération pourtant qui s'introduit au début de cette quatrième année dans le vignoble, et qui va y être exécutée régulièrement : c'est la fumure. La forte fumure au fumier de ferme donnée lors du défoncement, et le terreau mis dans le trou de plantation, ont jusqu'alors fourni les éléments nécessaires au premier développement de la vigne.

Désormais, elle va recevoir une fumure aux engrais chimiques comprenant les trois éléments : azote, acide phosphorique, potasse. A la suite d'expériences, il avait été reconnu que, dans les terrains de cette nature, la meilleure fumure était la suivante :

Nitrate de soude	100 gram.
Sulfate de potasse.	50 —
Superphosphate riche	150 —

Ce qui fait par hectare, à raison de 4,500 pieds :

Nitrate de soude.	450 kilos.
Sulfate de potasse	225 —
Superphosphate riche	675 —

Le mélange de l'engrais est fait au moment de l'emploi. Il est mis en terre lors du déchaussage de mars : les deux tiers de l'engrais sont mis en deux paquets dans la raie de charrue la plus proche du pied de vigne, de chaque côté, et l'autre tiers est mis entre chaque pied, sur la ligne.

A
côté non incisé
côté incisé

QUATRIÈME ANNÉE DE LA RECONSTITUTION

Incision annulaire.

A partir de la quatrième année, des cas de coulure commencèrent à se produire sur les pieds de *Malbec*. On sait combien ce cépage est sujet à cet accident. C'est en vue de le prévenir que l'incision annulaire fut désormais pratiquée chaque année sur les pieds coulards.

Cette incision est faite, non pas sur les pampres de l'année, mais sur les astes ou bois de l'année précédente qui les portent. On l'effectue sur la courbure de l'aste, en deçà des pampres fructifères et au delà des deux rameaux de la base conservés pour le remplacement. On se livre à cette opération dès le début de la floraison. On se sert d'instruments spéciaux fabriqués dans le pays. L'instrument doit enlever un anneau de deux millimètres de largeur, très nettement, et de façon que tous les vaisseaux du liber soient coupés sans que le bois se trouve entaillé. A l'encontre du pincement, qui est fait lors d'un arrêt de végétation, l'incision doit s'exécuter pendant une période de végétation active, en pleine poussée de sève, quand l'anneau d'écorce et de liber se détache facilement sous la faible pression de l'instrument. Sur les cépages coulards cette opération en prévenant la coulure donne des accroissements considérables de récolte sans qu'on ait remarqué aucun affaiblissement de la végétation sur des ceps qui l'ont subie depuis une douzaine d'années.

L'éclaircissage des feuilles, pratiqué un peu avant la floraison, contribue aussi à prévenir la coulure.

Traitement du black rot et des autres maladies cryptogamiques.

Nous avons dû, dans cet exposé, réserver le traitement des maladies cryptogamiques, car la méthode au moyen de laquelle on traite la principale d'entre elles, le black rot, est relativement récente. Elle est originaire du canton; elle est due aux travaux commencés en 1895 par M. Cazeaux-Cazalet, et son application est devenue à peu près générale dans le canton à partir de 1898.

Le Comice de Cadillac, depuis 1898, fait afficher dans toutes les communes du canton chaque fois que se présente une période favorable au traitement du black rot et du mildiou, un avis indiquant qu'il faut immédiatement sulfater la vigne. Mais bien des propriétaires sont capables de se livrer eux-mêmes à la recherche de ces périodes.

L'accroissement d'un pampre pris sur un cep de végétation normale et taillé à côt est observé journellement. Cet accroissement est marqué sur une latte où le pampre est accolé. Les températures minima et maxima sont relevées tous les jours. Chaque fois qu'on constate un ralentissement dans la végétation de la vigne, déterminé par un abaissement de température, et que ce phénomène est accompagné de pluies, on se trouve en face d'une période de *réceptivité,* c'est-à-dire de contamination et, par suite, favorable au traitement du black-rot comme à celui du mildiou.

Les sulfatages sont effectués à l'aide d'une bouillie bordelaise à 3 0/0 de sulfate de cuivre. On traite même sous la pluie, à moins qu'elle ne soit trop violente et capable de laver immédiatement les feuilles. On donne autant de traitements qu'il se présente de périodes nettement caractérisées, c'est-à-dire de 2 à 5. Il en a fallu 5 en 1897, 3 en 1898, 2 en 1899. Mais, dans le courant de l'année, en outre de ces périodes de contamination, où les conditions météorologiques déjà décrites sont très accentuées, il peut s'en produire quelques autres, 2, 3 ou 4 moins bien caractérisées, qui ne donnent parfois pas lieu à une invasion, ou qui n'amènent que quelques rares taches, principalement dans les foyers ou sur les cépages sensibles.

Traitements aux poudres.

En présence d'une de ces périodes de contamination, courtes et peu accentuées, il suffit, pour prévenir les taches auxquelles elles pourraient donner lieu, d'effectuer un traitement solide avec une poudre cuprique. On vend plusieurs poudres contenant un mélange finement pulvérisé de soufre et d'hydrate de bioxyde de cuivre, dont l'épandage est excellent. Le cuivre qu'elles contiennent se répartit aisément sur les feuilles pourvu qu'on l'emploie par la rosée ou après une légère ondée. La rapidité de ce traitement solide permet de couvrir les feuilles de cuivre dans l'intervalle toujours court de ces périodes indécises. Enfin, le soufre épandu en même temps sert au traitement de l'oïdium.

Dans le cas où les conditions atmosphériques ne nécessiteraient pas ce traitement solide, il importerait néanmoins de traiter contre l'oïdium : on emploierait alors le soufre sublimé par un temps chaud.

L'éclaircissage des feuilles, dont nous avons déjà parlé, favorise le traitement des maladies et principalement celui de l'oïdium sur les grappes.

Les périodes favorables, même les plus accentuées, sont toujours très courtes, de trois à six jours; aussi se sert-on concurremment d'un pulvérisateur à grand travail à bât et de pulvérisateurs à dos d'homme.

Quand la période est trop courte pour permettre en temps voulu le traitement de tout le vignoble, il faut néanmoins poursuivre les traitements après la période, en choisissant de préférence les heures de rosée ou de pluies légères. On a alors des traitements d'une efficacité relative, qui ne donnent lieu qu'à de rares taches. Il est nécessaire de les arracher dès leur apparition, car il suffit d'une tache sur une seule feuille pour perdre plusieurs grappes de raisin. On commence toujours les traitements dans les parties humides où la maladie est plus redoutable.

L'*anthracnose maculée* s'est montrée à partir de la deuxième pousse dans les parties humides, et, dès lors, on a donné régulièrement, contre cette maladie, des poudrages avec un mélange en parties égales de chaux hydraulique et de soufre, fréquemment répétés sur les feuilles, et des badigeonnages sur les bois, pendant l'hiver, avec une solution de sulfate de fer à 50 0/0.

Cochylis.

On a peu à se plaindre dans le canton de Cadillac des insectes parasites, si ce n'est de la cochylis, qui occasionne des dégâts sur certains vignobles à sols froids des plateaux. Aucun moyen de lutte absolument efficace ne garantit des atteintes de cet insecte. Quant aux pratiques ordinairement employées pour le combattre (traitements d'hiver, pose de lampes, poudrages), elles ne parviennent à détruire un certain nombre d'insectes qu'à la condition expresse d'être employées opportunément. L'éclaircissage des feuilles un peu avant la floraison est un procédé qui donne d'excellents résultats.

Nous parlerons, en traitant des vendanges, de la larve d'un diptère particulièrement nuisible aux raisins blancs qui restent trop longtemps sur pied.

Maturation et effeuillage.

La quatrième année, la vigne a porté une vendange.

En vue d'augmenter la concentration des jus et, par suite, la qualité des vins, on pratique un effeuillage qui expose les grappes au soleil. Cette opération se fait quand les raisins sont déjà mûrs et les bois aoûtés. Les expériences entreprises par le Comice ont démontré que l'effeuillage effectué à cette époque ne jetait aucune perturbation dans la végétation. Cet enlèvement des feuillages ne se fait pas d'un seul coup. Les raisins rouges sont exposés au soleil de tous côtés; quant aux cépages blancs, on ne les éclaircit que d'un côté, en laissant les feuilles du côté exposé à l'est, afin d'éviter, s'il survient des gelées hâtives, l'action du soleil levant sur les raisins gelés.

Il n'y a rien de particulier à signaler dans la vendange des rouges, sinon qu'elle est faite avec beaucoup de soin. Dans une première cueillette, on enlève les raisins avariés; on ne récolte jamais les raisins rouges atteints de la *pourriture grise* causée par le *Botrytis cinerea*, quand les vendanges sont tardives, et dans les terrains de palus. On sait que c'est une diastase sécrétée par ce cryptogame qui provoque ultérieurement la casse du vin.

On a soin de laisser sur le pied les grappillons verts ou les grappes insuffisamment mûres, qui sont enlevées dans une cueillette ultérieure.

Qu'il s'agisse de raisins rouges ou de blancs, la vendange est faite par des femmes au moyen de paniers en bois ou en zinc, puis mise dans des *bastes* ou comportes et directement portée au cuvier.

Vinification des vins rouges.

Les raisins ne sont pas égrappés. Le fait est presque général dans le canton; aussi les vins rouges y ont-ils une certaine dureté dans leur jeunesse, mais ils sont de durée, et à part une négligence exceptionnelle dans certains cas de vendange des vignes atteintes de pourriture grise, ils sont toujours exempts de maladies.

Le foulage se fait mécaniquement. Les cuves ont une contenance de 50 hectolitres, et se remplissent en un jour ou deux. Dans les exploitations où les cuves sont en béton, on leur donne, en les fractionnant, la même contenance.

Le cuvage se fait toujours à chapeau submergé, et quand le moût est en pleine fermentation, on l'aère en le faisant couler dans une comporte, pour le remonter à la surface au moyen d'une pompe. On se livre deux ou trois fois à cette opération; aussi la fermentation est-elle assez rapide, et le décuvage a lieu dès que le mustimètre marque 0°.

Vendange des raisins blancs.

La vendange des blancs se fait à la manière du Sauternais. On attend pour les récolter qu'ils aient subi les atteintes de ce même botrytis cinerea qui, sur les raisins blancs, prend le nom de *pourriture noble,* et, loin d'y exercer la dangereuse influence qu'il a sur les rouges, provoque au contraire une action bienfaisante. C'est elle qui donne aux vins blancs des deux rives de la Garonne les qualités qui en font la renommée.

Ce cryptogame, dont on voit les efflorescences blanches couvrir le raisin, vit par son mycélium à l'intérieur de la pellicule, concentre la pulpe et en modifie profondément la composition. Les vins blancs qui proviennent de cette vendange ont plus de sucre, d'éthers et de glycérine.

Le botrytis ne se manifeste pas au même moment sur les divers cépages d'un vignoble, ni même sur les diverses grappes d'un cep, ou les divers grains d'une grappe. Et comme on ne veut récolter que les grains qui ont subi son action, on est obligé de faire plusieurs cueillettes successives, qui portent chacune le nom de *trie.* Elles sont faites par des ouvrières exercées, au moyen de ciseaux à pointes effilées, qui permettent au besoin de n'enlever qu'un seul grain.

Les effets du cryptogame continuent à se faire sentir tardivement, et la vendange des blancs dure souvent dans cette région jusqu'aux premiers jours de novembre. On conçoit qu'un tel retard dans la vendange peut faire courir des risques aux raisins; aussi exige-t-elle des précautions minutieuses.

Dans une première trie, on enlève les grains atteints par le black rot ou par la cochylis. On trouve souvent, dans les années humides surtout, des grains d'un rouge brique foncé, qui portent à leur intérieur une ou plusieurs larves d'un diptère, le *Drosophila funebris.* La pulpe de ces grains est liquide, pâteuse, d'un blanc sale, et d'un goût acide détestable. Un seul panier de cette vendange pourrait corrompre le goût d'une barrique de vin. On enlève donc avec le plus grand soin tous ces grains, faciles à reconnaître à leur couleur. Quelques-uns d'entre eux se couvrent aussi plus tardivement de moisissures noires ou verdâtres, autres que le botrytis; on les élimine également. Quand ce nettoyage des grappes est accompli, on récolte les autres grains au fur et à mesure qu'ils sont atteints de la pourriture noble. Tantôt quelques grains seulement se trouvent enlevés; tantôt c'est une partie de la grappe, parfois la grappe tout entière.

Ce mode de vendange permet au viticulteur d'obtenir le degré de concentration qu'il désire et qu'il fera varier selon la valeur de son cru, selon les conditions économiques du marché et les conditions climatériques de la saison.

Dans le canton de Cadillac, on ne fait pas moins de trois à quatre tries, sans compter le nettoyage qui les précède.

On trouve aussi dans les vendanges, en plus petit nombre, des raisins qui arrivent à un extrême degré de concentration sans avoir subi les atteintes du botrytis : ils sont ridés, violacés, et ont l'apparence des raisins sec de Corinthe; on les nomme *cuits par le soleil.*

Vinification des vins blancs.

La vendange, arrivée au chai, est passée au fouloir mécanique, puis au pressoir. Il faut, pour en obtenir le desséchement, des pressoirs d'une grande force : ceux dont on fait usage ont des vis d'un diamètre de 12 centimètres. La vendange reste sous le pressoir de vingt-quatre à quarante-huit heures, selon son degré de concentration. On la coupe trois à quatre fois par vingt-quatre heures.

Les jus qui sont successivement obtenus par le foulage, puis par le pressurage, sont mis séparément dans des barriques bordelaises. Il peut y avoir une très grande différence entre les moûts, d'un jour à l'autre, ou d'un moment à l'autre de la journée; ils varient de plusieurs degrés selon que la vendange a été effectuée par le beau temps, après la pluie, ou par la rosée. On a donc des barriques d'inégale qualité; mais, à Cadillac, on n'en fait point l'égalisage : on laisse à cet égard toute initiative à l'acheteur.

Il reste toujours un vide de 5 centimètres de hauteur dans les barriques à vin blanc, pour éviter que la fermentation ne fasse sortir les moûts hors des fûts. Pourtant, si la vendange se trouve exceptionnellement salie par des raisins atteints de la cochylis ou du drosophila, on emplit les barriques, et l'effervescence due à la fermentation fait sortir les impuretés sous forme d'écume.

Soins donnés aux vins rouges et blancs.

Qu'il s'agisse de vins blancs ou de rouges, on se sert toujours de barriques neuves. Les vins rouges sont d'abord ouillés tous les jours; ensuite trois, deux, puis une fois par semaine. A ce moment, l'ouverture des fûts n'est fermée que par une bonde retournée. Quand la fermentation secondaire est achevée, en novembre généralement, on bonde les fûts. On effectue quatre soutirages au moins.

Si le temps est froid, le premier se fait en janvier ou février, sinon en mars; le deuxième, en mai, à la pousse; le troisième, en juin, à la fleur, et le quatrième, en septembre.

Quant au moût des raisins blancs, une fois en barrique, il accomplit sa fermentation.

Avec un tel mode de vendange, ces moûts sont très riches en sucre; ils marquent fréquemment de 22° à 25° au gleucomètre; jamais la totalité du sucre ne s'y transforme en alcool, car dès que le vin arrive à 12° ou 14° d'alcool, la fermentation s'arrête et le vin reste doux.

On ouille deux fois par semaine. On soutire dans des barriques méchées à la fin de février ou en mars, en mai, en juin et en septembre, à un relèvement de température. Ce nombre de quatre soutirages est un minimum. On en donne parfois davantage si la limpidité des vins laisse à désirer.

Pour donner une idée de la qualité de ces vins blancs, nous citerons les récompenses obtenues par un cru de la côte : à Bordeaux, médaille d'or, 1895; à Paris : argent, 1889; or, 1894; argent, 1895; argent, 1896; or, 1897; argent, 1898; or, 1899.

J. Capus,

Professeur spécial d'agriculture.

DEAUVILLE

LE COMICE DE CADILLAC

HISTORIQUE DE SON ŒUVRE

Le Comice viticole et agricole de Cadillac, association presque entièrement composée de vignerons, plus habiles à manier le sécateur ou à conduire la charrue qu'à tenir une plume ou à discourir en public, est né dans une heure d'angoisse, de gêne et presque de misère. Fondation du Comice.

Le canton de Cadillac, naguère fortuné, venait, avec tant d'autres contrées, d'être atteint par un fléau qui le frappait directement à la source la plus claire de ses revenus : le phylloxera venait compléter l'œuvre déjà néfaste de l'oïdium.

Le terrible puceron, s'attaquant aux racines de la vigne, anéantissait peu à peu, mais d'une façon irrémédiable et sûre, toutes les vignes françaises qui faisaient la fortune de cette région et contribuaient à sa renommée.

Comment lutter contre cet invisible, insaisissable ennemi? Comment le réduire à l'impuissance? Comment faire cesser un état si lamentable de désarroi matériel et moral et sortir victorieux de ce combat rendu nécessaire par l'intérêt primordial de cette contrée, qui aurait pu sans doute éviter la ruine complète, parce que son sol est assez fertile pour permettre d'autres cultures que celle de la vigne, mais aurait été certainement vouée à la décadence?

Tel était le problème qui se posait alors.

Quelques hommes sensés, actifs et clairvoyants, et dont les noms passeront à la postérité dans notre région, eurent l'idée de grouper les viticulteurs éprouvés par le fléau, de réunir ces hommes tous frappés par le même bâton : sur l'initiative de MM. Dezeimeris, conseiller général; Bonnefoux, conseiller d'arrondissement et maire de Cadillac; le Dr L. Guilbert, le Comice fut fondé en 1884.

Ces hommes avaient foi en l'avenir; leur espoir n'a point été déçu.

Un noyau de viticulteurs intelligents fut vite formé; tous les nouveaux adhérents comprenaient la nécessité d'échanger leurs idées, de se communiquer au fur et à mesure les résultats obtenus, de réunir leurs efforts enfin pour arriver au but; ils savaient bien que l'union seule fait la force. Dès les premiers essais de reconstitution tentés, l'un de ces ouvriers de la première heure put dire à l'occasion d'une fête solennelle du Comice : « Nous sommes assurés du succès final (¹). » Cette affirmation paraissait alors, dans l'esprit de certains, tout au moins très optimiste; depuis, les faits ont surabondamment prouvé le contraire, car cette prédiction s'est réalisée.

Ce n'est qu'un très sommaire exposé des travaux et des actes du Comice de Cadillac que nous avons l'intention de donner ici; mais il est indispensable, avant de commencer cet examen, de parler un peu des hommes, de ceux qui ont été et sont encore l'âme et la vie de cette Association : nous sommes libre sur ce sujet, car nous n'aurons point à parler de nous qui ne sommes qu'un modeste collaborateur de la dernière heure.

Il faudrait dire un mot de tous et de chacun en particulier; mais ils sont si nombreux ceux qui, par leur zèle, leur intelligence mise avec dévouement au service de la cause agricole, se sont signalés par leurs travaux utiles, leurs communications intéressantes, leurs exemples salutaires, que nous en oublierons certainement dans cette nomenclature; nous comptons sur le bon sens dont ils ont donné des preuves en mainte occasion pour pardonner cette lacune involontaire.

Nous avons déjà dit que le Comice de Cadillac fut fondé en 1884, sur l'initiative de MM. R. Dezeimeris, conseiller général; Bonnefoux, conseiller d'arrondissement et maire de Cadillac. et le Dr L. Guilbert.

Furent nommés présidents d'honneur : MM. Schnerb, préfet de la Gironde; O. Cazauvieilh, député; Dezeimeris.

M. A. Bonnefoux, maire de Cadillac, fut le premier président actif; il resta président jusqu'à sa mort prématurée, en décembre 1890. Par son dévouement et sa capacité, il a largement contribué au succès et à la prospérité de l'Association. Au cours d'une visite de M. Viette, alors ministre de l'agriculture, dans les vignobles du canton de Cadillac, en août 1888, il reçut la croix de la Légion d'honneur.

Son éloge mérité a été fait dans le journal du Comice; il a laissé dans les cœurs de tous ceux qui l'ont connu le souvenir d'un homme de bien.

M. Dezeimeris lui succéda. La direction des travaux du Comice ne pouvait être placée en de meilleures mains. Homme de lettres, helléniste distingué, M. Dezeimeris est un érudit dans toute l'acception du mot. La plume inhabile d'un simple vigneron est incapable de donner une juste expression des aptitudes et des talents exceptionnels que M. Dezeimeris a bien voulu mettre au service de la viticulture. Suivant de près les phénomènes de la nature, observateur et logicien, il est doublé d'un viticulteur émérite; il a donné, dans son domaine de Loupiac, un des premiers exemples d'une reconstitution méthodique.

(¹) Rapport de M. Guilbert sur le concours des vignobles en 1886.

En 1892, M. Dezeimeris, que d'autres travaux sollicitaient, céda la présidence à M. G. Cazeaux-Cazalet, membre fondateur et successivement secrétaire et secrétaire général du Comice. Nous aurons souvent l'occasion de citer le nom de M. Cazeaux-Cazalet dans ce sommaire exposé; par son travail opiniâtre, son dévouement absolu et aussi par ses goûts et ses aptitudes personnelles, M. G. Cazeaux-Cazalet a été l'homme qui a fait le plus dans notre canton pour la viticulture; il a toujours été l'âme de l'Association.

Il faut lire les publications du Comice pour se faire une idée exacte de la somme de travail et d'intelligence que M. Cazeaux-Cazalet a dépensée pour le bien de la cause viticole. Il a déjà reçu une récompense bien justifiée: il est officier du Mérite agricole; nul plus que lui ne mérita une semblable distinction.

Il serait injuste de ne pas dire un mot de M. le Dr Guilbert, premier secrétaire général du Comice et l'un de ses créateurs.

Nous allons citer un passage du discours de M. G. Cazeaux-Cazalet prononcé le 1er décembre 1889 à l'Assemblée générale du Comice :

«Pendant la période troublée où le viticulteur cherchait la bonne voie, M. Guilbert a contribué à faire éclore nos travaux sur le greffage, notamment ceux relatifs à la greffe d'été, à l'incision annulaire, à l'adaptation des vignes américaines au sol, etc., etc., et cela, au moyen d'une méthode vraiment scientifique, qui a été surtout féconde par la bonne grâce et l'affabilité qu'il apportait dans ses relations avec nous tous.

» A peine un fait nouveau, heureux ou malheureux, lui était-il signalé, qu'il allait le voir et l'apprécier; puis il intéressait le Comice tout entier à ses observations et au Comice lui-même les viticulteurs encore indifférents...

» Qui d'entre nous, enfin, a oublié les campagnes dues à l'initiative de M. Guilbert et consistant en cours, concours et conférences, pour relever la foi, si souvent ébranlée, en l'avenir des vignes américaines, pour vulgariser les découvertes si utiles à la reconstitution des vignes de ce malheureux pays et à leur préservation des maladies cryptogamiques?

» Si l'œuvre de notre Comice a été féconde, honneur donc à M. Guilbert! »

Quels résultats ne pourraient obtenir de tels hommes, lorsqu'ils veulent bien se consacrer corps et âme, s'imposer des sacrifices, pour mener à bien l'œuvre entreprise?

Ils trouvèrent d'ailleurs de précieux auxiliaires, de dévoués collaborateurs parmi les autres membres du Bureau, les conseillers d'administration, les simples membres du Comice, viticulteurs d'élite, passionnément épris de l'amour de la vigne.

MM. le Dr L. Cazaux, conseiller d'arrondissement; Corne, propriétaire à Sainte-Croix-du-Mont; Chemin, propriétaire à Rions; M. Vinsot, maire de Cardan; le Dr L. Guilbert, furent tour à tour vice-présidents du Comice.

MM. S. Lasserre, A. Cazeaux, E. Fouquet, F. Massieu, Maumelat, C. Mathelot, G. Vinsot, tour à tour secrétaires.

MM. C. Dubourg, Soulier, trésoriers; Guillemin, archiviste.

Les membres du Conseil d'administration, tous hommes éclairés, viticulteurs par goût et par profession, sont trop nombreux pour leur consacrer en particulier un juste éloge. Cependant, nous citerons les noms de quelques-uns d'entre eux, à cause de la part importante qu'ils ont prise dans les travaux actifs du Comice:

MM. Ballan (de Sainte-Croix-du-Mont); Constant Ballan (d'Omet); Pinsan, Ch. Gaussem (maire de Gabarnac); N. Mathelot (de Cadillac); Delbruk, C. Ballan (de Loupiac); Grosserol (de Gabarnac), etc., etc.

Nous en passons et non des moins méritants.

D'un excès de mal naît quelquefois un grand bien, dit-on; c'est la vérité en ce qui concerne le Comice de Cadillac qui, après avoir vaillamment lutté contre l'invasion phylloxérique et remédié à ses ravages, a rendu d'éminent services à la viticulture en combattant avec ardeur une foule d'autres ennemis inconscients ou intéressés et tout aussi dangereux.

Ce qui fait surtout le mérite de cette Association et qui rend son œuvre réellement philanthropique, c'est que ses membres, et particulièrement ceux qui, par leurs aptitudes et leur dévouement bien connu à la cause viticole, étaient appelés à diriger ses travaux et ses recherches, se sont efforcés avec un louable désintéressement de faire une bienfaisante propagande en faveur des procédés nouveaux, de faire connaître, de divulguer, de vulgariser par tous les moyens, conférences, concours, expositions, démonstrations de toutes sortes, les meilleures méthodes de reconstitution et de culture qu'ils ont même perfectionnées.

Organisation du Comice.

Avant d'examiner en détail les moyens mis en œuvre par le Comice de Cadillac pour sa propagande active et ses nombreux encouragements, voyons d'abord l'organisation de cette Société. En outre du Bureau et du Conseil d'administration, le Comice a nommé deux grandes Commissions permanentes: une Commission de culture et une Commission économique, chargées respectivement d'étudier les questions d'actualité et d'en fournir des rapports.

Dès sa fondation, le Comice organisait des réunions mensuelles où venait en discussion un ordre du jour très chargé de questions intéressantes; ces réunions, très nombreuses, étaient instructives au plus haut degré pour nos viticulteurs. C'était un charme d'assister à ces discussions courtoises, où chacun avec désintéressement apportait son idée et dont l'ensemble formait un faisceau solide et bien étayé par des raisons, des faits et des expériences. De la discussion, qui n'était pas faite, on le voit, au pied levé, jaillissait rapidement la lumière, et les viticulteurs éclairés étaient à même de reconstituer leurs vignobles (1). Par la force de leur

(1) La méthode de discussion adoptée par le Comice de Cadillac mérite d'être mentionnée. Aucune question importante n'est discutée à fond avant l'examen préalable d'une Commission compétente, qui l'étudie en séance particulière, et sur place, s'il s'agit d'une maladie ou d'un cas spécial se rattachant à un procédé de culture, et qui fournit un rapport.

exemple, les membres du Comice de Cadillac ont rendu service aux réfractaires nombreux que rencontrait dans le pays le système de reconstitution par les plants américains.

Publications périodiques.

Comme moyen de publicité, le Comice de Cadillac créa d'abord un *Bulletin* mensuel. Cette publication modeste résumait les travaux et les actes de l'Association; on y lisait les comptes rendus analytiques des assemblées mensuelles, des concours, des expositions, les rapports *in extenso* des Commissions, des communications instructives sur tous les sujets d'actualité intéressant les viticulteurs.

Plus tard, le *Bulletin* fut transformé en un véritable journal, avec ses chroniques, ses causeries, ses revues de la presse agricole, comptes rendus des foires et des marchés, etc., etc. Actuellement, la *Tribune agricole du Sud-Ouest*, journal hebdomadaire, est devenue l'organe officiel du Comice de Cadillac. Peu de Sociétés agricoles possèdent un organe hebdomadaire; le Comice de Cadillac a eu la bonne fortune de trouver une combinaison pour arriver à ce résultat; tous ses membres reçoivent chaque dimanche la *Tribune agricole du Sud-Ouest*.

Concours.

Mais où cette vaillante Société affirme le plus sa vitalité et démontre son importance aux yeux du grand public, c'est surtout à l'occasion de sa fête annuelle, véritable apothéose de ses efforts. A cette occasion sont organisés des concours de propriétés, concours d'améliorations culturales, concours de bétail, de labourage, d'enseignement agricole, ainsi qu'une exposition de produits agricoles et viticoles, d'outils et de machines. Toutes les bonnes volontés, tous les efforts intelligents, sont encouragés par des récompenses en mesure des moyens dont dispose le Comice : médailles, diplômes et primes en argent. Inventeurs sagaces, travailleurs habiles, serviteurs méritants, instituteurs et élèves dévoués à la cause agricole, obtiennent, suivant leurs mérites respectifs, une petite récompense. Ce qui a permis à cette Société, il faut bien le dire, d'être aussi large et qui a été pour elle un élément de succès, c'est le concours, l'appui des hommes et des pouvoirs publics, la sollicitude du gouvernement de la République, qui ne lui a point marchandé ses subventions.

En outre de ces démonstrations, telles qu'expositions et concours, discours annuels où sont résumés les faits essentiels de chaque exercice, les travaux du Comice appellent l'attention de tous ceux qui de près ou de loin s'intéressent à la viticulture.

Adaptation.

On songea d'abord à utiliser les producteurs divers américains pour remplacer les cépages français. Le *Clinton*, le *Taylor*, le *Jaquez*, l'*Elvira*, etc., furent essayés; mais on dut renoncer bientôt à l'emploi de ce système, qui ne donnait que des déceptions, à cause du goût foxé des produits de ces cépages et de leur résistance parfois incomplète au phylloxera. Il fut vite reconnu que l'on ne pourrait compter sur le succès qu'en greffant nos anciens cépages français sur des porte-greffes américains d'une résistance absolue. Le rapport de M. Cazeaux-Cazalet sur la valeur comparée des porte-greffes et des producteurs directs américains, en juillet 1893 [1], émet des conclusions qui confirment nettement les prévisions formulées dès la première période de la reconstitution, et peuvent être considérées comme définitives.

Une des questions agitées dès la première heure fut celle de l'adaptation; il fallait déterminer quels étaient les cépages américains qui convenaient le mieux comme porte-greffes, éliminer les moins résistants et choisir parmi les plus solides ceux qui s'adaptaient le mieux à nos sols et à nos sous-sols. Ces questions, très complexes, ont été résolues à souhait pour notre région. Le Comice créa des champs d'expérience dans les différents terrains du canton; sa Commission de culture les visita et fournit d'intéressants rapports discutés en Assemblée générale.

Il convient de citer sur ce sujet : la conférence de M. Millardet sur la reconstitution des vignobles par les vignes américaines [2] (20 avril 1884); la communication de M. Cazeaux-Cazalet sur l'adaptation, du 4 avril 1886 [3]; le rapport de la Commission d'enquête sur l'adaptation au sol et la jaunisse des cépages américains [4]; notes justificatives [5], quatre notes sur la formation des nouvelles racines de la vigne [6]; une communication sur l'adaptation au sol des cépages américains et des hybrides nouveaux (mars 1895) [7]; un rapport de la Commission d'enquête sur le même sujet (novembre 1897), par le même auteur.

Les travaux de M. G. Cazeaux-Cazalet sur l'adaptation ont permis d'établir des règles qui font loi, sont devenues classiques; elles sont définitivement admises par les hommes les plus compétents et les plus autorisés, et sont mentionnées dans leurs ouvrages [8].

Affinité.

Après avoir reconnu les meilleurs porte-greffes, il était nécessaire de se préoccuper de l'affinité, c'est-à-dire de rechercher quels cépages français convenaient le mieux respectivement sur un cépage américain donné; cette question, qui a son importance, a donné lieu à des recherches : nous citerons une intéressante communication sur ce sujet publiée dans le journal du Comice de mai 1893, dont l'auteur est M. G. Cazeaux-Cazalet.

Greffage.

Ayant déterminé porte-greffes et greffons, il fallait s'occuper du greffage. Comment s'y prendre pour unir ces deux fiancés, cépage américain et vigne française? C'est tout un code matrimonial qu'il fallait créer.

(1) *Journal du Comice* de juillet 1893, p. 167. (Rapport adopté par le Congrès international de viticulture de Montpellier.)
(2) *Bulletin* n° 1, 1884, p. 1.
(3) *Bulletin* n° 1, janvier 1887, p. 35.
(4) *Bulletin* n° 6, novembre 1887, p. 236.
(5) *Bulletin* n° 6, novembre 1887, p. 264.
(6) *Bulletin* n° 4, 1887, p. 152.
(7) *Journal du Comice*, mars 1895, p. 64.
(8) L'*Adaptation*, Viala et Ravaz. — *La Reconstitution en terrains très calcaires*, P. Gervais.

GREFFE D'AOUT

Les viticulteurs de notre région étaient peu familiarisés avec ce nouveau genre de travail, beaucoup d'entre eux ne l'avaient même jamais pratiqué; ils avaient bien greffé des pommiers, des poiriers, écussonné des pêchers, mais greffer de la vigne, à quoi bon? étant donné qu'il suffisait de planter un simple bout de sarment dans le sol pour obtenir un cep magnifique.

Le Comice organisa donc des concours de greffage. Des praticiens habiles accoururent en grand nombre et plus grand encore était le nombre des curieux qui se déplaçaient pour les voir opérer. Il était pris bonne note par une Commission spéciale des procédés employés par chaque concurrent, et cette même commission appelée à constater les résultats obtenus faisait connaître les systèmes qui avaient donné la meilleure réussite. En décernant des récompenses, primes en argent, diplômes et médailles, l'émulation vint bientôt; le zèle des praticiens encore très inhabiles dans l'art du greffage trouva un stimulant, de sorte que les maîtres-greffeurs, d'abord rares, furent bientôt légion. Il fallait bien qu'ils fussent légion pour faire face au travail colossal qui se présentait à eux.

Mais si l'habileté de l'opérateur contribue beaucoup à la reprise, il y a une foule d'autres conditions qu'il n'est pas négligeable de connaître pour obtenir le plus grand succès.

Il faudrait tout un volume pour parler en détail des rapports, des enquêtes, des conférences, des efforts nombreux enfin faits par les membres du Comice pour arriver à connaître et surtout à faire connaître, à propager les meilleurs procédés de greffage, la meilleure époque pour pratiquer cette opération, la hauteur de coudure la plus favorable, les soins à donner aux plants greffés (1).

Greffe de Cadillac.

Le Comice a le droit d'être fier du succès obtenu par des systèmes nouveaux inventés par quelques-uns de ses membres.

Nous devons citer la greffe d'été, dite *greffe de Cadillac*, inventée par M. Ballan, viticulteur à Omet. La greffe de Cadillac est maintenant connue de tous : elle a fait le tour du monde viticole (2). A mentionner le système de stratification des greffes dans la mousse, préconisé par M. Lasserre; les procédés perfectionnés pour la mise en pépinière des greffes-boutures, de MM. Expert, viticulteur à Laroque, et Ballan, de Sainte-Croix-du-Mont; les ingénieux appareils de greffage dont ce dernier, M. G. Cazeaux-Cazalet et M. Pinsan, ont été les inventeurs. Nous devons signaler aussi le remarquable ouvrage de M. Cazeaux-Cazalet sur *le greffage*, qui a été une des premières publications sur ce sujet, ainsi qu'une *Instruction*

(1) A la suite des enquêtes ouvertes, des bulletins de renseignements adressés aux praticiens et remplis par eux, la question du greffage, étudiée sur toutes ses faces, est une question vidée, résolue à fond.

Voir à ce sujet les conclusions formulées dans les rapports de 1891 et 1892.

(2) Nous devons citer le perfectionnement apporté à la greffe en fente pleine par M. Cazeaux-Cazalet, avec le système d'introduction à l'œil inférieur du greffe dans la fente du porte-greffe; la greffe à épaulement, préconisée par M. Pinsan; la greffe latérale à crans, de M. Faurie.

pratique sur la greffe d'été, par le même auteur. (*Bulletin* de septembre, 1885) ([1]).

Ces problèmes ardus étant résolus pour notre région, ces points capitaux élucidés: adaptation, affinité, greffage, il fallut compter avec les multiples ennemis irréconciliables de la vigne qui surgirent de toutes parts et auraient eu vite fait de réduire à néant les résultats déjà obtenus.

Chlorose.

La chlorose vint d'abord donner à nos jeunes vignes un aspect maladif se traduisant par le jaunissement prématuré des feuilles, le rabougrissement des jeunes pousses dans les milieux calcaires.

L'inquiétude vint bientôt, ce fut une vraie panique; on douta même à un moment de la résistance absolue des cépages américains. Le Comice de Cadillac fit de nombreuses recherches, ouvrit des enquêtes. Nous devons signaler *les Communications de M. G. Cazeaux-Cazalet* et la brochure du même auteur ([2]) sur cette affection de la vigne et l'*Instruction pratique sur son traitement* (juillet 1893) ([3]).

Dépérissements.

De nombreux cas de dépérissement furent constatés: les uns occasionnés par l'extrême sécheresse du sol en 1893; d'autres, par le pourridié et mille autres causes. Dès que le mal était signalé sur un point quelconque du canton, la Commission de culture était convoquée, allait constater sur place la nature de l'affection et s'efforçait d'en déterminer les causes exactes.

Ces causes, une fois connues: défaut d'adaptation, plantation trop ou trop peu profonde, humidité trop grande du sous-sol, etc., il était facile d'indiquer un remède et de prévenir le retour de semblables accidents, soit par une modification dans la culture, dans la taille, l'établissement d'un drainage, une fumure intensive, etc. ([4]).

Maladies cryptogamiques.

Les maladies cryptogamiques vinrent ensuite augmenter la série des sombres ennemis de la vigne. Les ravages de l'anthracnose, du mildiou, du black rot, jetèrent simultanément le trouble parmi les viticulteurs.

L'anthracnose, énergiquement combattue au moyen des badigeonnages au sulfate de fer et des saupoudrages à la chaux hydraulique, ne causa pas de longues inquiétudes.

Nous devons signaler la communication de M. Capus, professeur spécial d'agriculture, sur l'anthracnose maculée, publiée dans la *Tribune agricole* ([5]), qui établit l'analogie des invasions de cette maladie avec celles du mildiou et du black-rot et la nécessité des traitements opportuns.

([1]) Cette *Instruction pratique* fut imprimée une première fois aux frais du Conseil général de la Gironde. La greffe d'été ou greffe de Cadillac est maintenant connue du monde viticole tout entier. Elle a été répandue en Italie par des publicistes italiens.

([2]) *Notes sur les causes de la chlorose des vignes et les moyens de prévenir et de traiter cette affection* (1892). Feret et fils, éditeurs, 15, cours de l'Intendance, Bordeaux.

([3]) *Journal du Comice*, juillet 1893, p. 175.

([4]) Voir, sur les dépérissements, le *Journal du Comice* de 1894, 1895 et 1896.

([5]) *Tribune agricole* des 25 février, 4 et 11 mars 1900.

Le mildiou fit son apparition plus tard. Tout le monde connaît ses effets déplorables sur les végétations de la vigne; il s'attaque aux feuilles, les envahit et provoque leur chute prématurée.

La mort de l'arbuste aurait suivi si l'on n'avait découvert un remède efficace: la bouillie bordelaise, dont les inventeurs, MM. Millardet, le distingué professeur de la Faculté des sciences de Bordeaux, et Gayon, professeur à la même Faculté, sont membres honoraires du Comice.

Les viticulteurs étaient embarrassés au début pour pratiquer l'épandage de la bouillie; le premier instrument utilisé fut un rudimentaire balai dont on se servait comme d'un goupillon.

Le Comice organisa des concours d'appareils destinés à combattre le mildiou. De nombreux inventeurs présentèrent des instruments, et bientôt les vignerons n'eurent que l'embarras du choix entre les pulvérisateurs de tous genres, à pompe directe ou à air comprimé, permettant de sulfater rapidement les vignes tout en faisant un épandage très régulier de la bouillie cuprique.

Nous signalerons la communication de M. le Dr Guilbert sur le mildiou, en 1884; le rapport de M. Grosserol, au nom de la Commission de culture, en décembre 1886 (1); l'instruction pratique de M. Millardet pour l'application du mélange de chaux et de cuivre, en février 1886.

Black rot.

Le black rot vint ensuite, comme pour combler la mesure, augmenter la série des calamités qui s'abattaient sur nos jeunes vignes.

Ce fléau, plus terrible encore que le mildiou, son devancier, fut combattu lui aussi par la bouillie bordelaise; mais ce qu'il est plus important de signaler, ce sont les procédés d'application usités dans la région de Cadillac.

Le remède étant trouvé, il fallait rechercher le moment le plus opportun pour l'appliquer; l'expérience a prouvé que c'est une question capitale. Quel est donc ce moment? Il n'est pas indifférent de le connaître.

Les travaux de M. G. Cazeaux-Cazalet, président du Comice, ont permis d'établir des règles sûres, rendant ainsi un éminent service à la viticulture (2).

Nous n'entrerons pas dans les détails descriptifs des méthodes de culture pratiquées dans le canton de Cadillac, cette tâche étant réservée à la plume infiniment plus compétente et plus habile de M. Capus, professeur spécial d'agriculture; nous nous bornerons à signaler les efforts faits par

(1) *Bulletin* de décembre 1886, p. 347.

(2) A citer, à lire par tous ceux qui veulent approfondir cette question, les rapports et communications sur ce sujet: *Communication faite au Congrès du black-rot*, en décembre 1896, par M. Cazeaux-Cazalet; — *Le black rot, ses rapports avec la température et la végétation de la vigne, traitements opportuns*, par M. G. Cazeaux-Cazalet; — *Relations entre les phénomènes météorologiques généraux et les périodes de contamination du black rot, expériences faites à Cadillac, conditions pratiques à observer pour la réussite des traitements*, par MM. Cazeaux-Cazalet et Capus, professeur d'agriculture; — *Journal du Comice*, février 1898, p. 99. Feret et fils, éditeurs, 15, cours de l'Intendance, Bordeaux.

le Comice pour perfectionner les anciennes méthodes, pour sortir enfin de cette ornière qu'on appelle la routine.

Perfectionnements de la taille de la vigne.

La taille de la vigne, cette opération importante passionnant à juste titre les viticulteurs qui ont tant soit peu le goût de leur métier, a été l'objet de nombreuses et intéressantes discussions au sein des assemblées du Comice.

En 1887, M. Dezeimeris fit connaître au public une méthode opératoire applicable à toutes les tailles, méthode qui lui était particulière, et à laquelle on a donné le nom de son inventeur. Plusieurs notes explicatives sur ce système nouveau ont été publiées dans le journal du Comice (1) de 1887 à 1890, et dans une brochure célèbre qui a eu jusqu'en 1891, cinq éditions, et qui a été traduite en plusieurs langues étrangères (2).

Grâce aux recherches, aux visites, aux travaux de la Commission de culture, le Comice de Cadillac a eu la bonne fortune de pouvoir établir la théorie d'un système de taille qui a pris le nom de *taille de Cadillac* (3). Mis en pratique par quelques-uns de ses membres, il a été reconnu, après discussion et comparaison raisonnée avec les autres méthodes, apte à donner de bons résultats, marquant une réelle étape vers le progrès.

Nous devons signaler les rapports de M. C. Ballan (4), au nom de la Commission de culture, en décembre 1893, sur la taille de Cadillac; de MM. Vinsot et Mathellot (5), secrétaires du Comice, sur la même question.

Incision annulaire.

L'incision annulaire, opération qui a pour but d'atténuer la coulure, a été préconisée au sein des assemblées du Comice dès l'année 1885, par un de ses membres, M. Pinsan, viticulteur à Preignac. M. Pinsan n'est pas l'inventeur de l'incision annulaire, mais il l'a vulgarisée; il a fait des essais concluants, et a bien voulu communiquer les résultats de ses expériences.

Cette opération, mal faite dans les débuts, a été depuis perfectionnée, son côté pratique ayant été reconnu.

Le Comice organisa dès 1886 un concours d'instruments pour pratiquer l'incision annulaire (6).

La fabrication de ces instruments s'est localisée dans le canton de Cadillac; plusieurs systèmes sont très ingénieux.

Nous citerons sur ce sujet le rapport de M. G. Cazeaux-Cazalet au nom de la Commission d'enquête (7).

(1) *Bulletin* de 1890, numéro unique, pages 1, 21, 23, 119, 121, 143. — *D'une cause de dépérissement de la vigne et des moyens d'y porter remède,* par R. Dezeimeris. Feret et fils, éditeurs, 15, cours de l'Intendance, Bordeaux.

(2) En 1889-90-91, d'innombrables visiteurs de tous les pays, sont venus examiner les résultats de ce système; parmi ces visteurs, il y eut deux ministres français, M. Viette et M. Léon Bourgeois.

(3) *Instruction pratique sur la taille de la vigne,* par G. Cazeaux-Cazalet (*Journal du Comice* de janvier 1898, page 8).

(4) *Journal du Comice* de décembre 1893, page 306.

(5) *Journal du Comice* de janvier 1895, page 12.

(6) Rapport du jury au concours d'instruments pour l'incision annulaire, par M. A. Cazeaux (*Bulletin* n° 7, décembre 1886, page 328).

(7) *Bulletin* n° 7, février 1886, page 184.

Nous devons à M. G. Vinsot, le jeune et sympathique secrétaire général du Comice, qui est un adepte convaincu de l'incision, plusieurs communications et rapports, au nom de la Commission de culture, sur les résultats de cette opération en 1895, 1896, 1897 et 1898 (1).

Ces opérations ont été mises en pratique dans la région de Cadillac depuis une époque relativement peu éloignée; elles se sont maintenant généralisées, leur côté avantageux ayant été nettement démontré.

C'est encore notre distingué président qui a étudié la question de près et, avec sa compétence accoutumée, l'a clairement mise à point.

Tailles en vert.

Nous lui devons d'intéressantes notes et communications qui contiennent des règles faisant aujourd'hui autorité sur les tailles en vert de la vigne, le pincement, l'écimage et l'effeuillage (2).

Chambres d'agriculture.

La situation d'infériorité dans laquelle se trouvent placés les agriculteurs, par l'absence d'une représentation spéciale, légale et officielle vis-à-vis des pouvoirs publics et du Parlement, si on les compare aux commerçants qui, eux, ont les Chambres de commerce chargées de défendre leurs intérêts, les met dans la nécessité d'y suppléer dans la mesure de leurs moyens, en attendant la création des chambres d'agriculture.

Cette création, que les populations rurales, victimes d'une criante anomalie, ne cessent à juste titre de réclamer, a été l'objet de plusieurs vœux de la part du Comice de Cadillac, sur la proposition de M. Dezeimeris, qui, dès 1884, c'est-à-dire le premier en France, émit l'idée de chambres d'agriculture. Les grandes lignes d'un projet furent discutées dès les premières séances du Comice. Ce projet a été approuvé par le Conseil général de la Gironde et par les plus importants Conseils généraux de France.

En attendant, les questions d'ordre économique ont été mises en discussion au sein de cette Société.

Les vœux émis, les démarches tentées auprès des autorités compétentes et de nos représentants à la Chambre et au Sénat, ont déjà donné des résultats notables.

Questions économiques.

La Commission économique du Comice a étudié les moyens de favoriser la vente et la consommation des vins naturels et l'emploi abusif de l'alcool et des vins falsifiés (3). M. G. Cazeaux-Cazalet signala, dans un intéressant rapport lu et adopté à la séance du 6 mars 1887, les causes et les remèdes des abus du commerce des vins à la frontière et à l'intérieur.

Parmi les questions économiques étudiées, nous devons citer : les droits de

(1) *Journal du Comice*, juillet 1895, page 167; novembre 1895, page 285; mars 1897, page 77; juin 1898, p. 176. Rapport sur les tailles en vert adopté par la Société des Viticulteurs de France.

(2) Rapport de la Commission d'enquête sur l'effeuillage (*Bulletin* de l'année 1889, page 74). — Du pincement des vignes (*Journal du Comice* d'avril 1894, page 96). — Sur l'écimage de la vigne (*Journal du Comice* d'avril 1895, page 93). — Les tailles en vert de la vigne (*Journal du Comice* de mars 1898, page 69).

(3) *Bulletin*, année 1887, page 60.

douane, le régime des boissons, les acquits fictifs, la mévente des vins, les entrepôts spéciaux, un projet de réforme sur l'impôt des boissons présenté au Comice par M. Cazeaux-Cazalet, l'organisation du crédit agricole, les warrants agricoles[1].

Dès 1887, le Comice intervenait efficacement dans les questions des droits de douane: une lettre de M. Dezeimeris sur le projet d'un traité avec l'Italie, adressée à M. Cazauvieilh, député, et alors président du Groupe viticole de la Chambre des députés, fut publiée par le Comice (*Bulletin*, 4e année, page 280) et eut une influence décisive.

Les travaux du Comice ont eu l'influence la plus réelle sur la plupart des questions économiques. Ils ont servi de base à une action décisive auprès des Pouvoirs publics contre les fraudes.

Toutes les mesures prises par l'administration, toutes les lois votées au Parlement contre les fraudes et particulièrement celles contre les acquits fictifs, ont été étudiées d'abord au Comice de Cadillac, ont été publiées par lui et ont été appuyées par d'importantes sociétés viticoles.

M. S. Lasserre, le sympathique vice-président du Comice, a été maintes fois le rapporteur de la Commission économique et s'est fait l'écho des doléances des viticulteurs; il a ainsi accompli un travail très méritoire que tout le monde apprécie.

École primaire supérieure et professionnelle d'agriculture.

Le Comice ne borne pas ses préoccupations aux sujets de l'heure présente: il songe aussi à l'avenir; c'est dans cet ordre d'idées que le pays lui doit la création d'une École primaire supérieure et professionnelle d'agriculture. L'École de Cadillac constitue un type unique en son genre, véritable pépinière de jeunes agriculteurs, d'où sortiront des hommes éclairés, ennemis de la routine sous toutes ses formes. Le succès toujours croissant de cette École est la meilleure confirmation de l'opportunité de sa création et de la valeur des méthodes d'enseignement qui la caractérisent.

L'expérimentation d'un programme spécial pour l'orientation de l'enseignement général et pour les applications de cet enseignement général et de l'enseignement spécial a eu un tel succès que ce programme a servi à modifier certaines parties des programmes officiels des Écoles primaires supérieures.

Participation du Comice aux Expositions.

Le Comice de Cadillac ne s'est pas borné à organiser des expositions locales, il a aussi voulu prendre part aux grandes Expositions de Paris.

(1) *Journal du Comice* de mars 1895: Rapport de la Commission économique, page 84; — Juin 1893: Les acquits fictifs, page 143; — Janvier 1894: Notes sur la mévente des vins, page 95; — Juin 1894: page 167; — Septembre 1894: Sur le projet de loi du gouvernement relatif à la question de la fraude dans la circulation des boissons, page 218; — Mai 1895: Le régime des boissons, page 125; — Août 1895: Rapport de la Commission économique sur le régime des boissons, page 188; — Avril 1896: Rapport de la Commission économique sur l'impôt sur le revenu, page 93; — Mai 1896: Rapport de la Commission chargée d'étudier la législation sur les fraudes des vins, page 109; — Août 1898: Les entrepôts spéciaux, page 204; — Janvier 1898: Rapport de la Commission économique, vœux à émettre, page 29; — Septembre 1898: Discours de M. Cazeaux-Cazalet à la distribution des récompenses, page 282.

TAILLE DE LA VIGNE

École professionnelle d'agriculture

En 1889, il participa à l'Exposition universelle, où le diplôme d'honneur lui fut attribué comme récompense collective, et où plusieurs de ses membres reçurent des récompenses individuelles.

En 1895, l'Exposition de Bordeaux lui fournit l'occasion d'un nouveau succès. En 1900, sa participation officielle à l'Exposition universelle de Paris prouvera une fois de plus sa vie et sa force d'action; elle fournira, grâce au bon vouloir de ses membres qui ont bien voulu s'imposer quelques légers sacrifices en envoyant leurs produits prendre part au concours, une réclame de bon aloi en faveur des vins de cette fraction importante de notre belle Gironde.

A la suite de la période d'invasion phylloxérique, on avait dit et redit qu'il n'y avait plus de vin dans la Gironde; si cela a été vrai jusqu'à un certain point à un moment donné, c'est inexact aujourd'hui, particulièrement en ce qui concerne la région de Cadillac. Nos vignobles sont entièrement reconstitués; ils sont en état de produire autant qu'autrefois, sinon davantage. Un proverbe dit : « A bon vin, point besoin d'enseigne; » le Comice de Cadillac dit tout simplement aux consommateurs et négociants : Goûtez et comparez! Les viticulteurs veulent écouler leurs produits, rentrer dans leurs déboursés : ils présentent leurs vins aux concours et expositions; n'est-ce pas le meilleur moyen de les faire connaître et apprécier du public? n'est-ce pas une réclame loyale?

Aussi le Comice de Cadillac n'hésite-t-il pas à participer chaque année au Concours général agricole de Paris où il a toujours obtenu le diplôme d'honneur; depuis six années, les récompenses obtenues par ses exposants prouvent surabondamment que les vins de Cadillac, par leur bonne qualité et leur bas prix, peuvent supporter avantageusement la comparaison avec leurs rivaux.

L'œuvre du Comice de Cadillac a été féconde. Si l'on jette un coup d'œil même très rapide sur le chemin parcouru depuis sa création jusqu'à ce jour, on voit qu'il n'a pas joué le rôle de la mouche du coche, dont parle l'immortel La Fontaine; il a abordé de nombreuses questions et les a résolues souvent. Sans avoir la prétention d'être une académie agricole, il peut être fier de ses travaux. Société cantonale de paysans, titre dont il s'honore, il a compté de nombreux succès: il en comptera d'autres encore, sans doute.

Vouloir, c'est pouvoir! dit-on; honneur aux hommes d'action qui sont l'âme et la vie du Comice. Leur volonté a déjà été mise à l'épreuve, et n'est-ce pas la volonté qui constitue la véritable valeur morale des hommes?

A. Fouquet,
Secrétaire du Comice.

L'ÉCOLE PRIMAIRE SUPÉRIEURE

DE CADILLAC

Sa fondation.

On peut classer au nombre des œuvres du Comice de Cadillac la fondation de l'École primaire supérieure de ce canton. L'idée première en revient, en effet, à deux de ses présidents, et le Comice accorde chaque année à l'École une allocation de 1,500 francs.

Le 17 janvier 1892, M. Cazeaux-Cazalet, alors secrétaire général du Comice, proposait au Conseil d'administration de cette Société de vouloir bien demander la création d'une École primaire supérieure, dont il fixait déjà le programme. La culture de la vigne forme la principale richesse du canton. Combien cette culture n'exige-t-elle pas aujourd'hui de savoir, d'esprit d'observation et de méthode?

« L'enseignement agricole, disait le Secrétaire général du Comice, ne peut être donné aux adultes par des conférences toujours peu nombreuses et forcément incomplètes. » Seuls, des cours réguliers, accompagnés d'applications, avec la constante action d'un professeur sur l'esprit des élèves, pourraient leur faire acquérir les connaissances et les facultés nécessaires aux viticulteurs modernes. « L'École primaire supérieure de Cadillac serait pour l'agriculture ce que sont pour l'industrie et le commerce celles de Bordeaux et des départements voisins. »

Son but.

En mai 1892, M. Dezeimeris, président du Comice de Cadillac et président du Conseil général de la Gironde, exposait, dans une lettre adressée à M. Léon Bourgeois, ministre de l'instruction publique, quelle était la raison d'être et quel serait le programme de la future École :

« Depuis de longues années, et à la suite des succès obtenus par le Comice viticole et agricole de Cadillac, nous avons songé à établir dans ce centre, dont la notoriété est devenue considérable, un établissement d'instruction agricole. La pensée d'une grande École de Viticulture nous avait séduits tout d'abord. Une telle école semblait bien à sa place dans la Gironde, dans l'arrondissement de Bordeaux, et dans cette région spéciale des grands vins blancs dont la célébrité aurait si facilement justifié la présence de chaires magistrales d'ampélologie. Cela, je

LEÇON DE GREFFAGE

École professionnelle d'agriculture

le pense, s'imposera un jour; mais, peut-être, à l'heure présente, est-ce moins la direction scientifique qui fait défaut que la culture suffisante et appropriée des populations destinées à profiter pleinement de telles leçons. Avant de multiplier les états-majors, il semble sage de s'assurer qu'ils ne risqueront pas de se trouver sans armée. Or, les diverses lois de l'enseignement public jusqu'à ce jour ont plutôt servi à éloigner les jeunes générations de l'agriculture qu'à les conduire à la pratiquer; elles aboutissent à faire des industriels, des commerçants, des régisseurs (assez souvent médiocres), des professeurs, des docteurs : elles ne font pas de cultivateurs, et elles poussent, sans qu'on l'ait voulu, les fils de cultivateurs à rechercher une carrière autre que celle de leur père, car ils la jugent basse et ingrate.

» Ces considérations nous ont conduits à penser que l'institution la plus désirable dans notre région serait celle qu'un projet tout nouvellement élaboré par le gouvernement de la République met, fort à propos, à notre portée : *L'École primaire supérieure avec adjonction de cours professionnels*, non pas appliqués à l'industrie et aux métiers comme dans les grandes villes, mais appliqués à l'enseignement, à la pratique de l'agriculture, et visant à élever les enfants de nos *cantons ruraux* de façon à en faire des hommes des champs avant l'âge où les illusions de l'orgueil et les plaisirs capiteux risquent de les porter à chercher au loin ce qu'ils ne savent pas voir autour d'eux. »

Dans un discours public, M. Cazeaux-Cazalet, président du Comice, expliquait le fonctionnement de l'École : Son fonctionnement.

« Pour donner aux jeunes gens un enseignement agricole sérieux, efficace, il fallait créer une École selon le type combiné de l'École primaire supérieure et de l'École pratique d'agriculture.

» Cette visée était d'autant plus réalisable que les Écoles primaires supérieures, qui sont destinées, suivant le texte et l'esprit de la loi sur l'instruction primaire, à perfectionner l'enseignement des écoles élémentaires, à donner un enseignement général commun à toutes les localités, doivent instituer un enseignement professionnel approprié à chaque région et dont le développement est confié au Conseil municipal et au Comité de patronage.

» Sans exagération de langage, on peut dire qu'ici l'agriculture est l'industrie principale de la région et que, par suite, la création d'un enseignement professionnel agricole s'imposait dans une École primaire supérieure à Cadillac.

» Il était impossible de trouver une manière meilleure de donner l'enseignement agricole, car il est, là, développé parallèlement à l'enseignement général, et de telle sorte que les jeunes élèves peuvent sortir vers l'âge de quinze ans parfaitement armés pour pratiquer l'agriculture.

» Ces idées, qui étaient celles du Comice, du Conseil municipal de

Cadillac et des membres du Comité de Patronage, présidèrent à la création de cette École et à l'élaboration des programmes.

» Et comme, à des titres divers, cet enseignement professionnel est utile, non seulement aux fils d'agriculteurs qui veulent revenir aux champs paternels, mais aussi à tous les jeunes gens qui veulent consacrer leur vie à des professions se rattachant par quelque côté à l'agriculture, le Comité de Patronage décida, dès la première année, que le programme agricole serait appliqué à tous les élèves. »

Ses programmes.

L'enseignement général de l'École de Cadillac est le même que celui des autres Écoles primaires supérieures; mais, qu'il s'agisse des mathématiques, du français, des sciences physiques ou naturelles, les applications et les exemples visent d'une façon particulière l'industrie agricole.

Les cours d'agriculture sont donnés dans les trois années : un cours d'une heure par semaine, en première année; deux cours d'une heure et demie à chacune des deux autres promotions. Le jeudi matin est consacré à des applications; le jeudi soir est souvent occupé par des promenades agricoles.

Les applications ont pour but de faire voir aux élèves les objets dont il est parlé dans les cours : instruments, végétaux, races d'animaux, etc.; de leur faire pratiquer les opérations agricoles qui y sont décrites (taille, greffage, analyse des vins, etc.), et de développer en eux l'esprit d'observation.

L'École dispose à cet effet d'un laboratoire et de deux champs d'expériences, l'un de vingt-deux ares, l'autre de cinquante, attenants à l'École. Ces champs sont plantés de vignes greffées et comprennent les cépages blancs et rouges de la région. Les élèves font de fréquentes visites dans les exploitations les mieux tenues de la région; ils y suivent les diverses opérations de la viticulture et de la vinification; on leur fait comprendre les résultats économiques donnés par les diverses méthodes de culture.

Toutes ces applications et ces promenades sont suivies d'une rédaction de l'élève, qui fixe ses idées et l'habitue à faire un effort personnel.

A l'enseignement des maîtres s'ajoutent ainsi les leçons toujours vivantes de la nature et des faits.

J. Capus.

CORPS ENSEIGNANT DE L'ÉCOLE

MM. Laborderie, directeur.
Brousse, professeur de sciences physiques et naturelles.
Morillon, professeur de lettres.
Chapron, professeur de sciences mathématiques.
Capus, professeur spécial d'agriculture.
Lafont et Vergeron, maîtres auxiliaires.
Monlun, moniteur des travaux agricoles.

COTEAUX DE SAINTE-CROIX-DU-MONT ET VUE D'ENSEMBLE DU PAYS DE SAUTERNES

LE VIN ET L'ALCOOLISME

Conférence faite au Cours d'adultes de l'École primaire de garçons de Cadillac, en 1900.

MESDAMES, MESSIEURS,

Mes premiers mots seront pour remercier votre aimable directeur, M. Albert, qui, en voulant bien m'associer pour une modeste, très modeste part, à son œuvre d'éducation des adultes, me permet de faire plus ample connaissance avec cette forte et cette généreuse jeunesse cadillacaise qui avait, depuis longtemps déjà, toutes mes sympathies.

Moi, Messieurs, qui ne suis Girondin et Cadillacais que par adoption, moi qui, par profession, appartiens un peu à toutes les régions de la France, j'ai pu comparer les mœurs, les caractères, les qualités de l'esprit et du cœur de la jeunesse de plusieurs départements. Nulle part, Messieurs, je n'ai trouvé les idées généreuses, la noblesse de caractère à un degré aussi élevé que dans la Gironde, et en particulier à Cadillac.

Je n'ai pas l'intention de vous flatter, Messieurs; je constate un fait, et je suis heureux qu'il soit à votre louange.

J'ai recherché quelles pouvaient être les causes de ces heureuses dispositions. Un fait constant permet d'affirmer que les qualités de race d'un peuple sont intimement liées au climat et surtout à la production de son sol. Vous êtes des privilégiés, Messieurs: la France entière, que dis-je? le monde entier vous envie vos coteaux et leurs superbes vignobles. Les plus riches mines d'or ne sont pas comparables aux vins de la Gironde.

J'ai dit le mot, Messieurs: la sève bienfaisante que l'automne transforme en fruits succulents et le pressoir en une liqueur, une essence, un nectar que rien ne peut rivaliser, a fait votre caractère, vous a donné sa générosité, sa force, sa gaieté.

Vos vins ont, depuis les temps les plus reculés, fait les délices des gourmets et inspiré les meilleurs vers de nos poètes. Jetons ensemble un coup d'œil sur les époques importantes de l'histoire.

Au temps de la domination romaine, le poète Ausone, établi non loin de Cadillac, chantait la vertu des vins de vos côtes et recevait à sa table les empereurs romains.

Clovis entraînait ses soldats à la conquête des provinces méridionales en leur parlant des bons vins des bords de la Garonne : « Je supporte avec peine, disait-il, que ces Goths ariens possèdent ces riches provinces où l'on récolte ce vin délicieux que mon cousin Alaric donne à boire à ses soldats la veille des batailles. Suivez-moi, et tout cela sera à vous! » et les soldats suivaient Clovis et écrasaient les Visigoths à Vouillé.

Charlemagne, lorsqu'il passait dans le Midi, ne manquait jamais de venir déguster le bon vieux vin de Bordeaux, dont il avait soin d'emporter ample provision dans sa capitale de l'empire d'Occident.

La *Ballade des Vins*, écrite au XIe siècle, et un fabliau du XIIIe siècle, la *Bataille des Vins*, assignent les premiers rangs aux vins de la Gironde, A la même époque, les Templiers partageaient certainement l'opinion des poètes, et vous savez comme ils le manifestaient à leur manière.

Les rois d'Angleterre tinrent en haute estime les vins d'Aquitaine, et particulièrement les vins de Cérons et de Sainte-Croix-du-Mont, et ce ne fut pas un de leurs moindres regrets, quand ils furent chassés hors de France, de penser que désormais le vin qui faisait leurs délices allait remplir les caves françaises.

Henri IV ne buvait guère que du vin de la Gironde, auquel il attribuait sa verve, sa gaieté et les qualités précieuses que lui valurent le surnom de « vert galant ».

Ce n'est pas sans raison que le duc d'Épernon avait choisi la ville de Cadillac pour résidence et en avait pour ainsi dire fait la capitale des provinces dont il était le gouverneur : il avait goûté nos vins, et il savait les estimer. Louis XIII fut souvent son hôte, et le duc aimait à répéter que ce n'était pas pour lui, mais pour ses bouteilles poudreuses, que le roi l'honorait de ses visites.

Louis XIV, en 1650, alla jusqu'à trouver les vins qu'on lui servit à Bordeaux dignes d'être comparés au « nectar des dieux ».

C'est non loin d'ici que le cardinal de Sourdis, invité par les jurats aux fêtes de Pâques, tira son chapeau et, debout devant les verres pleins, s'écria : « Je te salue, ô roi des vins! » Vous savez tous, Messieurs, qu'un des éminents successeurs de de Sourdis, le cardinal Donnet, avait pour les vins de la Gironde une déférence peut-être plus grande encore que son illustre devancier. Je cède la parole à un de nos plus distingués écrivains, qui composa, il y a près de cinquante ans, sur les vins de la Gironde, le spirituel et chaleureux plaidoyer que voici :

« Le vin de la Gironde est le vin des âges héroïques; brave comme une épée, splendide comme un beau jour de soleil, il semble avoir emprunté à la nature qui l'entoure, aux ruines de ses coteaux, aux larges horizons de ses plaines, quelque chose de leur sereine majesté. Lorsque les années ont brisé les *autres* et n'ont plus laissé dans leurs bouteilles qu'une eau sans goût et sans couleur, c'est alors que le vin de la Gironde déploie toutes ses richesses et tous ses parfums.

» Un aimable poète, Lorando, disait un jour de lui en le comparant à ses émules :

Des fleurs qui paraient leur jeunesse,
Lui seul couronne sa vieillesse,
Comme un nouvel Anacréon...,

et personne n'a rien trouvé à redire à cette décision souveraine, car cette fois la rime et la raison marchaient de compagnie.

» Le vin de la Gironde est comme les hommes forts, comme les messies antiques : il apparaît dans toute sa beauté quand les autres faillissent et s'effacent, et s'il descend sur les lèvres des morts, c'est pour les rappeler à la vie.

» Et cependant de quelles singulières injures n'a-t-on pas poursuivi ce grand vin, cette liqueur à nulle autre pareille? On a dit, et tout le *servum pecus* des imitateurs à la suite l'a répété en chœur, on a dit qu'il était... trop généreux!

» La belle raison, en vérité, et comme elle donne bien la mesure de l'esprit de ses détracteurs! Trop généreux, dites-vous? Mais, aveugles que vous êtes, vous ne voyez donc pas que c'est là l'éternel reproche que la nuit adresse au jour, l'avarice à la charité, la haine à l'amour, l'égoïsme à l'amitié, les ténors vulgaires aux rossignols?

» Trop généreux! Mais depuis quand cette vertu est-elle donc devenue un vice, depuis quand les mariées sont-elles trop belles?

» Trop généreux! Mais cette restriction criante est la plus sanglante critique que vous puissiez faire de votre goût et de vos forces. Vos têtes sont si faibles, vos estomacs tellement prédisposés à la gastrite, que vous n'osez plus lutter avec ce vigoureux champion, et vous cachez votre défaillance sous une calomnie. Vous êtes comme ces écuyers novices qui trouvent dans le cheval qu'on leur propose trop d'ardeur et trop d'allure; vous êtes comme ces vieux époux, ces Gérontes épuisés, qui se plaignaient au ciel d'avoir donné à leurs femmes trop de vie et de fécondité!

» Le vin de la Gironde est le chêne des forêts druidiques; les siècles qui passent sur sa tête ne font qu'ajouter une nouvelle force à ses rameaux et de nouveaux mystères à ses ombrages. J'en suis désolé pour les pépiniéristes et les courtiers, mais le chêne sera longtemps encore le roi majestueux de nos campagnes.

» Les autres sont les vins des petites femmes, des petits gourmets, des petits estomacs et des petits verres. Le vin de la Gironde est le vin des grands estomacs, des grandes pensées, des nobles appétits et des coupes profondes.

» Venez donc, ô mes concitoyens, et prenons ensemble le chemin de ces belles collines où la bise est si douce, où règnent d'agréables parfums, où la figue abonde, où la pêche foisonne et dont le vieux vin girondin remplit les mystérieuses et profondes cavernes. »

Tels sont vos vins, Messieurs : « une belle couleur de rubis, un corps, une finesse, un moelleux qui ne sont en aucun autre vin aussi prononcés et aussi agréables ; une sève pleine de délicatesse et de distinction ; un arome et un bouquet auxquels ils doivent un cachet unique. A ces qualités, il faut en ajouter une autre qui leur donne au plus haut degré une valeur hygiénique : c'est l'élément ferrugineux qui existe sous la forme de tartrate de fer ou d'autres sels.

» C'est par ce principe fortifiant et tonique que les vins de la Gironde ont acquis, à côté de leur antique renommée comme vins des rois et des favorisés de la fortune, celle tout aussi glorieuse de vin hygiénique, renommées dues à leur double mérite de procurer le plaisir et la santé. »

MESSIEURS,

Je ne vous ai pas encore dit le sujet de ma conférence. J'ai à vous parler de l'*alcoolisme*. Peut-être pensez-vous que je ne prends pas la chose au sérieux et que je viens paradoxalement vous faire l'éloge de ce que je suis appelé à combattre. Il n'en est rien, Messieurs. Pour moi, comme pour tous ceux qui ont étudié la question : moralistes, savants, économistes, l'alcoolisme est un terrible fléau qui fait à lui seul plus de victimes que la peste et le choléra réunis, qui multiplie les assassinats et les suicides, qui peuple les hospices d'aliénés, encombre les hôpitaux et contribue pour une large part à la stérilisation de la race.

Seulement j'estime qu'on ne doit jamais altérer la vérité ni montrer les faits à travers les verres grossissants, quel que soit le résultat que l'on se propose d'atteindre.

En voulant trop prouver, on dessert la cause qu'on soutient. Eh bien ! Messieurs, je n'hésite pas à l'affirmer, le vin ne produit pas l'alcoolisme. C'est une liqueur bienfaisante, qui donne la gaieté et la force au travailleur, active les fonctions organiques et stimule les facultés intellectuelles.

J'irai même plus loin, Messieurs : l'alcool résultant de la distillation du vin possède les mêmes qualités que celui-ci et est tout aussi inoffensif. Je cite à l'appui de cette affirmation l'opinion du célèbre professeur Germain Sée, dont personne ne niera l'autorité en la matière :

« L'alcool de vin, administré à doses modérées soit pur, soit mélangé avec de l'eau, constitue le stimulant le plus énergique. En prenant 1 à 20 grammes d'alcool, on est bien sûr, surtout s'il vient à la fin du repas se mêler à la masse alimentaire, de produire les effets les plus avantageux sur la digestion, sur les contrictions intestinales, sur les gaz et les douleurs. La digestion est notablement favorisée, ainsi que le démontrent les travaux de Claude Bernard. »

Il ne faudrait pas conclure de ce que je viens de dire que l'abus du vin ne présente aucun inconvénient.

Les principes actifs du vin font partie des aliments appelés aliments *calorifiques*. Ce sont eux qui brûlent dans l'intérieur de notre corps comme le charbon dans le foyer d'une machine. Si ces principes sont en excès dans le corps, il peut se présenter deux cas : de même si on met trop de charbon dans le foyer d'une machine, ou bien la chaleur est trop forte et l'usure rapide, ou bien l'oxygène manque et le foyer s'étouffe, le charbon s'éteint. Ainsi en est-il dans le corps humain. Si, par suite d'un surcroît de travail de la part des poumons, on arrive à introduire dans le corps assez d'oxygène pour brûler la totalité de l'alcool, la combustion intérieure devient trop vive, la chaleur vitale trop considérable, on s'use trop vite, on vit trop rapidement, et on diminue ainsi la durée de son existence.

Si la quantité d'oxygène introduite dans le corps est insuffisante pour brûler tout l'alcool ingéré, l'excès passe dans le sang sans modification. Or, l'alcool a, entre autres propriétés, celle de coaguler un des éléments du sang qu'on appelle la fibrine. L'alcool non brûlé produit des caillots qui retardent la circulation du sang ou peuvent l'arrêter complètement. De là la cause de ce sommeil qui se produit quelquefois chez l'ivrogne et qui n'est pas véritablement un sommeil, mais un arrêt, une suspension de la vie. L'homme ivre-mort ne dort pas : il est bien réellement mort, au moins passagèrement.

Je n'ai pas besoin d'insister pour vous faire admettre que la présence de ces éléments désormais inutiles au sang, étrangers à sa fonction, que les organes excréteurs devront éliminer, amènent, surtout s'ils sont renouvelés, des perturbations désastreuses pour l'organisme.

L'une des moindres conséquences de ce sang surchargé d'impuretés solides est de produire, pour se livrer passage, une dilatation considérable des vaisseaux capillaires, qui, au lieu de rester invisibles, s'agrandissent démesurément, se boursouflent et produisent ces nez déformés et grossis, ces faces à rougeurs sanguines que le langage imagé du peuple appelle des trognes enluminées.

Tout excès est nuisible, celui du vin comme un autre; mais, je le répète, il ne produit pas l'alcoolisme. Ceux qui boivent trop de vin sont des ivrognes, ils ne sont pas des alcooliques. Un abîme sépare ces deux sortes d'intempérants. Il y a quelques jours à peine, j'avais occasion de faire remarquer cette différence sur deux groupes de conscrits, les uns mis en gaieté par le vin, les autres enivrés par de mauvais alcools : les premiers nous égayèrent par leurs chansons, leurs propos joyeux et leurs saillies spirituelles; les autres eurent vite fait de nous écœurer par leur tenue et leurs propos grossiers.

Il y a peu d'années, l'Académie française décerna un prix Montyon au savant suédois Magnus Huss pour un rapport remarquable sur l'alcoolisme, dans lequel on lit ces mots : « La France compte beaucoup d'ivrognes; on n'y rencontre heureusement pas d'alcooliques. »

Hélas! les choses ont changé depuis, et on peut dire aujourd'hui avec

Arvède Barine: « La France se meurt, la France dégénère parce qu'il n'y a plus d'ivrognes. » Ce n'est pas parce qu'il n'y a plus d'ivrognes, Messieurs, que la France dégénère, c'est parce qu'il y a trop d'alcooliques.

L'alcoolisme est produit par l'usage des alcools industriels qui contiennent tous des poisons violents, dont les principaux sont les alcools propyliques, butyliques, amyliques.

Ces alcools sont extraits des corps les plus bizarres : pommes de terre, topinambours, bois, feuilles en putréfaction, et d'autres substances queje ne nommerai pas. Il n'y a pas de matière, quelque répugnante qu'elle puisse vous paraître, de laquelle, par de savantes transformatiosn chimiques, on n'arrive à extraire de l'alcool.

L'usage même modéré de ces alcools, vendus sous le nom de rhums, cognacs, armagnacs (les noms les plus sacrés sont profanés en la circonstance), amers, bitters, apéritifs, digestifs, produit sur l'organisme une altération profonde qui le rend la proie facile de toutes les maladies.

Écoutez les médecins et les savants, et vous verrez comment agit l'alcool impur que l'industrie verse à torrents dans les estomacs français.

Le Dr Lannelongue dit : « Le buveur d'alcool a perdu toute résistance vitale : c'est un mauvais blessé, un mauvais malade. A quarante ans, il a les tissus d'un homme de soixante ans au moins. Le vieillard a même l'avantage : il peut résister aux blessures graves parce que ses tissus sont normaux; au contraire, par l'effet de l'alcoolisme, les tissus du buveur sont altérés, dégénérés et impuissants à toute rénovation comme à tout rajeunissement. »

L'appareil digestif est le premier atteint : l'alcool produit sur l'estomac l'effet d'un sinapisme; la paroi intérieure, irritée, est semée d'ulcérations, d'ecchymoses, d'hémorragies; l'organe se recroqueville, devient coriace et ne peut plus fabriquer le suc gastrique.

La plus grande partie des poisons de l'alcool absorbé vont au foie. C'est pourquoi cet organe est avec l'estomac un des plus affectés. La bile afflue au sang, d'où la jaunisse des buveurs. Le foie se congestionne, devient lourd et douloureux, puis se durcit, se ratatine, se mamelonne.

Le goût s'altère de bonne heure et parvient aux pires aberrations. Un vieux buveur d'absinthe mis, à l'hôpital, au régime lacté, prétendait que le lait lui brûlait le gosier. Il parvenait, malgré la surveillance, à se procurer de l'absinthe pure, qui, disait-il, le rafraîchissait délicieusement.

Les poumons éliminent une partie de l'alcool ingéré. L'odeur de l'haleine des alcooliques en témoigne assez. Le tissu pulmonaire, ainsi que celui des bronches, en est altéré. La toux, l'enrouement sont habituels chez les buveurs, ainsi que les bronchites chroniques. La tuberculose guette l'alcoolique.

Le système circulatoire est également compromis. Le cœur devient graisseux, les fibres de ce muscle s'engraissent pour ainsi dire de cellules graisseuses, les valvules ferment mal et l'organe travaille dans de fort mauvaises conditions. Les artères deviennent dures et cassantes, des anévrismes ou petites poches se forment et la fragilité des parois favorise leur rupture : les accidents, souvent mortels, qu'on ne constate que chez les vieillards, frappent les jeunes alcooliques.

Mais les troubles les plus impressionnants sont ceux qui proviennent du système nerveux : l'affaiblissement de la mémoire, les songes agités par les cauchemars, les visions de bêtes immondes, les hallucinations, la paralysie générale, la folie. Le *delirium tremens*, avec ses épouvantables et ses effroyables convulsions. C'est le dernier degré de la déchéance humaine.

L'intelligence la plus belle est bientôt vaincue par le poison. Faut-il rappeler la ruine morale de Musset ou celle du peintre Courbet? Faut-il invoquer le souvenir d'Offmann, le troublant auteur des *Contes fantastiques*, qui cherchait dans l'alcool une excitation cérébrale. « Il ne fut pas un alcoolique vulgaire, raconte Arvène Barine, et s'arrêta presque toujours quand il se jugeait assez monté. Pourtant, de bonne heure, la paralysie le *happa*. Triste loque humaine, il était porté comme un enfant dans les bras d'une servante. » *(Les Névrosés.)*

Je pourrais multiplier les exemples : peut être avez-vous des noms présents à la mémoire; peut-être connaissez-vous quelques-uns de ces malheureux ? Plaignez-les, Messieurs.

Partout où l'alcoolisme est en progrès, on voit augmenter dans les mêmes proportions les suicides, la folie, la criminalité, la mortalité.

En France, de 1836 à 1840, il y a eu 2,500 suicides par an. En 1899, il y en a eu plus de 10,000.

Le nombre des aliénés a quintuplé depuis vingt ans; et les statistiques prouvent que plus des deux tiers des criminels sont des alcooliques.

Sur 1,000 intoxiqués, 300 par an meurent tuberculeux. Qu'on ajoute à ces décès les morts causées par les maladies spéciales qui relèvent de l'alcool, par les accidents de toute nature auxquels sont exposés les intempérants, et l'on verra dans quelle mesure l'alcool conduit à la tombe.

Si terrible que soit l'action de l'alcoolisme sur les individus, ce n'est pas encore ce qui le rend le plus effrayant. Entré dans la constitution de l'être, l'alcoolisme condamne à la maladie tous ceux qui naîtront d'un individu intoxiqué. L'alcoolisme est héréditaire. Comme la fatalité antique qui poursuivait une race jusque dans ses derniers rejetons, il s'attaque aux générations successives, qui vont de déchéance en déchéance jusqu'à la disparition finale. C'est là ce qui engage la responsabilité morale de l'alcoolique. En effet, loin de pouvoir invoquer cette excuse, si médiocre qu'elle soit : « Je ne fais de mal qu'à moi-même, » l'alcoolique fait par son vice le malheur d'une série d'innocents. C'est ce qui donne à la question son importance sociale : l'alcoolisme est le plus effroyable fléau qui puisse compromettre la conservation d'une race et l'avenir d'une nation.

Les enfants des alcooliques sont des rachitiques, des dégénérés, des idiots...

Cette hérédité des alcooliques est attestée par des exemples fameux. Tel celui d'Edgard Poë, le conteur américain. Né d'une famille où l'usage de l'alcool était une tradition, tout jeune il manifesta son goût pour la boisson; devenu homme, il s'abandonna entièrement à sa passion, contre laquelle une sorte de maladie de la volonté l'empêchait de lutter. Les hallucinations auxquelles il était en proie contribuèrent à donner à ses *Contes* leur coloration morbide. La démence survint et les accès de delirium tremens, où il luttait contre d'invisibles ennemis et se débattait contre des fantômes, le mirent au tombeau. C'est ici que les statistiques des médecins sont plus éloquentes que toutes les considérations. « Un alcoolique invétéré, dit Arvède Barine, avait eu sept enfants. Les deux aînés moururent en bas âge de convulsions. Le troisième devint fou à vingt-deux ans, le quatrième tomba dans l'imbécillité. Le cinquième est un détraqué. Le sixième un nerveux qui se croit voué à la folie. Il y a une fille; elle est névropathe et a eu des accès de démence. »

Autre famille : Père et grand-père alcooliques. Douze enfants. Huit meurent en bas âge de convulsions. Restent deux garçons : l'un, scrofuleux, vagabond et vicieux; l'autre, alcoolique avec accidents; et deux filles, l'une hystérique, l'autre déséquilibrée et débauchée. On peut alléguer que les médecins choisissent leurs exemples. Élargissons les observations. Un docteur suisse, le professeur Demme, de Berne, a pris vingt familles : dix de gens sobres et dix d'alcooliques. Les sobres avaient eu soixante et un enfants. Ils en avaient perdu cinq en bas âge. Des survivants, deux étaient difformes, deux arriérés, deux avaient la danse de Saint-Guy; les cinquante autres étaient sains et bien portants. Du côté des buveurs, cinquante-sept enfants, dont douze morts en bas âge et neuf bien portants. Tout le reste n'était qu'idiots, bossus, sourds, muets, rachitiques, scrofuleux. (D'après les *Lectures pour tous.*)

Le docteur Legrain a fait des observations tout aussi concluantes : sur 819 enfants de familles alcooliques, soixante pour cent sont mort-nés, morts en bas âge, tuberculeux ou aliénés; sur les quarante pour cent restants, plus des trois quarts sont arriérés ou déséquilibrés. Il en reste donc à peine 100 de sains.

A Marseille, le docteur Rey, médecin en chef de l'Asile des aliénés, a constaté dans les écoles primaires 309 enfants d'esprit obtus, arriérés, hors d'état de profiter de l'enseignement : c'étaient des fils ou des filles d'alcooliques. Il était resté hors des écoles un nombre au moins égal d'enfants de même provenance si défectueux qu'il avait été impossible de les admettre.

M. Cruveilhier résume ainsi son ouvrage sur les statistiques des alcooliques :

« A la première génération apparaissent l'immoralité, la dépravation, les excès alcooliques et l'abrutissement moral; à la seconde, l'alcoolisme héréditaire, les excès maniaques, la paralysie générale; à la troisième, les tendances hypocondriaques et homicides; à la quatrième enfin, l'intelligence est peu développée et l'enfant, stupide ou idiot et dégradé, n'arrive pas à l'état adulte, et la race s'éteint. »

Tel est le fléau de l'alcoolisme, celui dont Gladstone a dit, dans un pays de fausse pudeur comme de fausse sobriété : « Il fait de nos jours plus de ravages que ces trois fléaux historiques : la famine, la peste et la guerre. Plus que la famine et la peste, il décime ; plus que la guerre, il tue ; il fait plus que tuer, il déshonore. »

Messieurs, je ne viens pas vous dire de ne boire que de l'eau, du lait ou du thé, de laisser vos vignobles dépérir. Je vous dis : buvez votre bon vin. N'oubliez pas que la vigne a toujours été considérée comme un présent du Ciel et que les premiers buveurs ont cru avoir trouvé la liqueur qui donne l'immortalité et qui rend l'égal des dieux. Mais suivez le conseil de Raspail : « Sachez finir où l'excès commence. » N'oubliez pas que si la vigne vient des dieux, le diable s'en est un peu mêlé.

Écoutez la légende orientale :

« Bacchus encore enfant fit un voyage pour se rendre à Naxos. Le chemin était long, l'enfant fatigué ; il s'assit sur une pierre pour se reposer. En jetant les yeux à ses pieds, il vit une petite herbe déjà sortie du sol, et il la trouva si belle qu'il pensa aussitôt à l'emporter pour la replanter chez lui. Il la déracina et la prit dans sa main ; mais comme le soleil était très chaud, il eut peur qu'il ne la desséchât avant son arrivée à Naxos. Un os d'oiseau tomba sous son regard : il y introduisit la plante et poursuivit sa route.

» Dans la main du jeune dieu, la tige croissait si vite que bientôt elle dépassa l'os par le bas. Comme il craignait encore que le soleil ne la séchât, il regarda de nouveau autour de lui et, apercevant un os de lion, plus gros que l'os d'oiseau, il y introduisit ce dernier avec la petite plante.

» La plante, croissant toujours, dépassa bientôt l'os de lion par le haut et par le bas. Alors Bacchus, ayant trouvé un os d'âne encore plus gros que l'os de lion, y planta celui-ci, avec l'os et la plante qu'il contenait. Il arriva à Naxos. Or, quand il voulut mettre la plante en terre, il s'aperçut que les racines s'étaient si bien enlacées autour de l'os d'oiseau, de l'os de lion et de l'os d'âne, qu'il n'eût pu la dégager sans endommages les racines. Il devina une ruse du diable, qui avait placé à dessein sur sa route et l'os d'oiseau, et l'os de lion, et l'os d'âne. Mais il n'en planta par moins l'arbuste tel quel.

» L'arbuste grandit rapidement.

» A la joie de Bacchus, il portait des grappes merveilleuses. Il les pressa et en fit le premier vin qu'il donna à boire aux hommes.

» Mais Bacchus fut alors témoin d'un prodige.

» Quand les hommes commençaient à boire, ils se mettaient à chanter comme des oiseaux.

» Et quand ils buvaient davantage, ils devenaient forts comme des lions.

» Et quand ils buvaient longtemps, leurs têtes se penchaient comme celles des ânes. »

Eh bien! mes amis, buvez souvent du vin, de manière à chanter comme des oiseaux; buvez-en quelquefois quand de rudes travaux vous attendent, pour être forts comme des lions; n'en buvez pas pour pencher la tête comme les ânes.

Mais, au nom du ciel, ne buvez jamais de ces mixtures où la douceur, où l'amertume masquent le poison. Si vous vous êtes quelquefois laissés entraîner vers les apéritifs et les liqueurs, si vous avez été infidèles à votre amie la bouteille, retournez vers elle repentants: c'est encore le vin qui détruira les premiers effets du poisson et vous redonnera la force et la santé. Aimez donc le vin de vos coteaux, soyez fiers de vos vignobles; continuez la lutte déjà victorieuse contre les fléaux qui menacent votre production. N'oubliez pas que, chaque année, à l'automne, les yeux du monde entier se tournent vers vous, vers cette Gironde féconde, parce que c'est d'elle que dépendent les plaisirs, la gaieté, la joie sur les deux hémisphères.

BROUSSE,
Professeur à l'École supérieure professionnelle d'agriculture de Cadillac.

TABLE DES GRAVURES

TABLE DES MATIÈRES

Bordeaux. — Impr. G. GOUNOUILHOU, rue Guiraude, 11.

www.ingramcontent.com/pod-product-compliance
Ingram Content Group UK Ltd.
Pitfield, Milton Keynes, MK11 3LW, UK
UKHW020152200726
13856UKWH00003B/958